MT
Map of Teens

# 컴퓨터공학

아주대학교 노병희 · 예홍진 · 강경란 교수 지음

MAP OF TEENS

HAPPY TRAVEL
BUS STOP!

청어람장서가

# 시리즈를 발간하며

대학입시에 대한 관심이 우리나라처럼 높은 곳도 없을 것이다. 하지만 대학에 대한 많은 관심에도 불구하고, 막상 대학에 가서 무엇을 배우는지에 대해서는 학생과 학부모 모두 구체적으로 모르고 있는 것 같다. 이는 대학교육의 실질적 내용보다는 대학졸업장 취득여부에만 큰 관심을 기울이는 세대의 반영일 수도 있지만, '대학 가는 것'을 인생의 중요한 목표로 삼고 있는 중·고등학생들에게 대학의 교육내용을 쉽고 친절하게 설명해주는 자료가 없었기 때문일 것이다.

〈나의 미래 공부〉시리즈 Map of Teens는 중·고등학생들의 후회 없는 선택과 성공적인 공부를 위해 기획되었다. 자신의 삶을 크게 테두리 지을 대학의 각 분야별 공부가 구체적으로 어떤 것인지 스스로 읽고 판단하는 데 도움이 될 것이다. 이것이 내가 정말로 하고 싶은 것인지, 잘 할 수 있을 것인지를 스스로 또는 부모님, 선생님과 함께 고민하고 결정할 수 있게 만들어 줄 것이다. 아직 자신의 적성을 모른다면, 이 시리즈에 포함된 다양한 공부의 길들을 비교해보면서 역으로 자신의 흥미와 열정을 발견

할 수도 있을 것이다.

대학의 다양한 학문들이 무엇을 배우고 연구하는지를 아는 것은 단지 '나의 선택'만을 위해 중요한 것은 아니다. 사회의 다른 구성원들이 무엇을 공부하는지 아는 것도 매우 중요한 일이다. 사회의 범위가 지구촌으로 확대되고 있는 지금, 나의 이웃들이 무엇에 관심을 가지고 공부하고 있는가를 아는 것은 우리 모두의 공동 번영을 위해 필수적일 수밖에 없다. 이런 경향을 반영하듯 각 학문들은 서로의 분야를 넘나들며 융합되고 있고, 대학에서 한 가지 전공만을 공부한다는 것은 이제 지난날의 일이 되었다. 사회에서 요구하는 인재상도 멀티플전공으로 바뀌고 있다. 우리가 자신만의 전문성을 가지되 다양하고 폭넓은 공부를 해야 되는 이유가 여기에 있다.

〈나의 미래 공부〉시리즈 Map of Teens는 이러한 시대적 요청에 충실하면서도, 수많은 학문들의 내용을 자세히 들여다 볼 시간이 없는 독자들을 위해 각 분야의 핵심을 한눈에 알아볼 수 있도록 요약하려고 노력하였다. 여기에는 각 해당 분야 전공자들의 많은 노력이 숨어 있다. 오랜 시간 축적돼온 각 학문의 내용들과 새롭게 추가되는 연구 성과들을 가능하면 우리 실생활과 연관시켜 쉽고 재미있게 설명하기 위해 고심한 필자들의 노고에 감사드린다. 이 시리즈가 중·고등학생들이 미래를 찾아가는 학문 여행에 꼭 필요한 지도가 되길 바라며, '나만의 미래 공부'를 찾아 여행을 떠나보자.

2008년 5월
시리즈 기획위

인문계열

국문학 | 영문학 | 중문학 | 일문학
문헌정보학 | 문화학 | 종교학 | 철학
역사학 | 문예창작학

# Map of Teens

## 여행을 떠나기 전 학과 지도를 펼쳐보자

세상은 넓고 학과는 많다.
학과에 대한 호기심과 나에 대해 알아보려는 의지만 있으면 여행 준비 끝!
자, 이제부터 나의 미래를 찾기 위해 힘차게 떠나보자!
놀라운 학과 세계와 지적 모험이 여러분을 기다리고 있을 것이다.

사회계열

심리학 | 언론홍보학 | 정치외교학 | 사회학 | 행정학 | 사회복지학 | 부동산학 |
경영학 | 경제학 | 관광학 | 무역학 | 법학 | 행정학

예체능계열

영화학 | 음악학 | 디자인학 | 사진학 |
무용학 | 조형학 | 공예학 | 체육학

교육계열

교육학 | 교육공학 | 유아교육학 | 특수교
육학 | 초등교육학 | 언어교육학 | 사회교육
학 | 공학교육학 | 예체능교육학

공학계열

생명공학 | 기계공학 | 전기
공학 | 컴퓨터공학 | 신소재
공학 | 항공우주공학 | 건축
학 | 조경학 | 토목공학 | 제
어계측학 | 자동차학 | 안경
광학 | 에너지공학 | 환경공
학 | 화학공학

의약계열

의학 | 한의학 | 약학 | 수의학 | 치의학 | 간
호학 | 보건학 | 재활학

물리학 | 화학 천문학 | 수학 | 통계학 | 식품
영양학 | 의류학 | 지리학 | 생명과학 | 환경과
학 | 원예학

자연계열

# 미래를 이끌 IT분야의
# 중요한 인력이 되자

정보 기술(IT)의 발전은 사람들이 살아가는 방식을 크게 바꾸어 놓았다. 컴퓨터공학은 IT 발전의 핵심 역할을 담당하고 있다. 현재 IT 기술은 우리나라의 중추 산업이 되고 있고, 이 분야의 전문 고급 인력에 대한 수요는 점차 커져가고 있다. 그럼에도 불구하고, 최근의 이공계 기피 현상의 하나로, 컴퓨터공학과를 비롯한 이공계 학과에 진학하는 학생들의 수가 점차 줄고 있다는 암울한 뉴스를 듣게 된다. 여러 사회적인 요인도 있겠으나, 학생들이 이공계에 대한 막연한 두려움을 가지고 있는 것도 한 원인이라고 생각한다. 이러한 때에 대학교 전공 소개를 위한 시리즈의 하나로 컴퓨터공학을 소개하는 좋은 기회가 생겨 집필을 하게 되었다.

사실 중 · 고등학교 학생들에게 컴퓨터공학에 대하여 쉽게 설명한다는 것이 쉬운 일은 아니다. 컴퓨터공학 분야의 회사에서 오랫동안 연구 · 개발하는 일도 하였고, 대학교에서 학생들을 가르친 지도 제법 여러 해가 흘렀는데도, 컴퓨터공학에 대하여 설명하여 달라고 하면 막막한 것이 사실이다. 집에서 아이들이 어렸을 때부터 "아빠가 하는 일이 뭐예요?"라는 질문을 자주 하였는데, 어떻게 설명해 줘야 할지 많이 고민하였던 것 같다. 그럴 때마다 그냥, "컴퓨터가 잘 돌아가고, 우리가 집에서 사용하는 인터넷이 잘될 수 있도록 하는 일을 해"라고 했던 것 같다.

우리 아이들을 비롯한 많은 중·고등학교 학생들이 자신의 장래를 결정하여야 할 때, 내가 말로 설명해 주지 못한 내용들이 이 책을 통해서라도 전달되어, 미래를 설계하는 데 도움이 된다면 정말 좋겠다고 생각하여 집필을 시작했다. 그래서 최대한 쉽게 설명하려고 노력하였으며, 학생들이 실생활에서 많이 사용하는 컴퓨터 관련 제품들을 예로 들어 이해를 도울 수 있도록 하였다. 이 책을 통해 학생들이 컴퓨터공학에 대하여 더 많은 이해를 하고, 이 분야에 대한 막연한 두려움을 없애고, 보다 폭넓게 미래를 계획할 수 있었으면 한다. 그리고 많은 우수한 학생들이 컴퓨터공학에 대하여 관심을 갖고 이 분야의 전공을 희망하게 된다면, 우리나라 IT의 미래는 더 밝아질 것으로 기대하여 본다. 또한 이 책이 중·고등학교 학생들을 대상으로 하고 있어도, 자기의 전공에 대한 종합적인 이해가 부족한 컴퓨터공학 전공 대학생들에게도 도움이 되기를 바란다.

우리나라 컴퓨터공학과에 계시는 교수님들이 많은데도 불구하고 대표하여 이 책을 만드는 것도 사실 큰 부담이 되었다. 비록 부족한 것이 많고, 다른 각도로 컴퓨터공학을 좀 더 잘 설명할 수도 있었겠지만, 고수님들께서 충분한 아량으로 이러한 부분은 이해하여 주시리라 생각한다.

2008년 5월
저자 노병희, 예홍진, 강경란

# CONTENTS

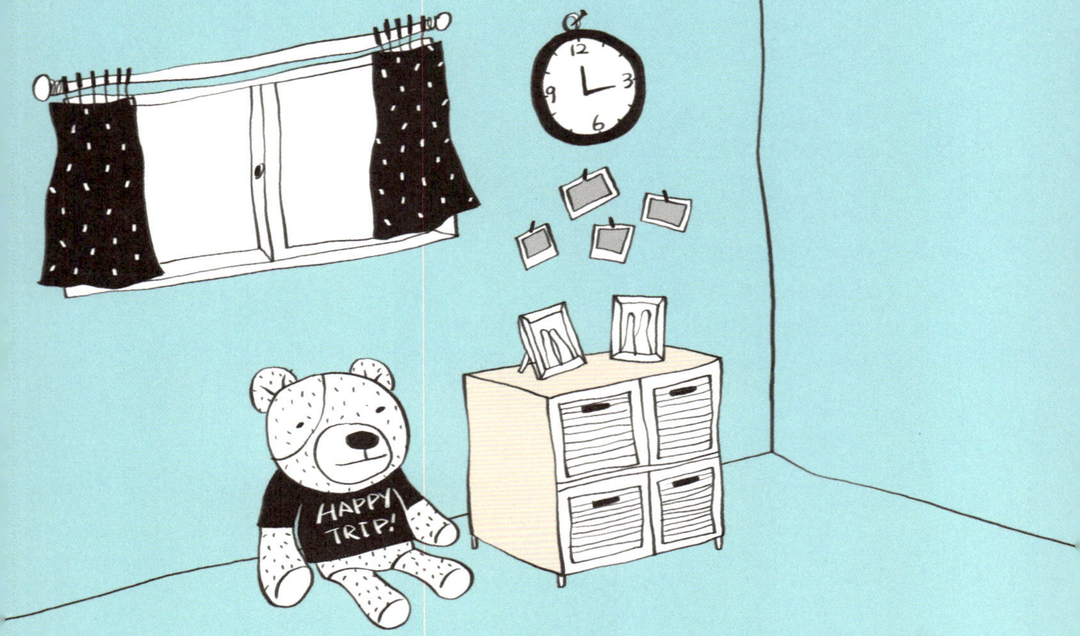


1. 컴퓨터를 전공한다는 것은 무슨 의미일까?

2. 컴퓨터공학인가? 컴퓨터과학인가?

3. 컴퓨터공학의 매력을 밝혀라!

4. 컴퓨터공학도가 되고 싶다면 어떻게 해야 할까?

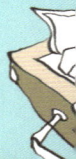

# 컴퓨터공학 여행을 향한 첫걸음

# 컴퓨터를 전공한다는 것은 무슨 의미일까?

TV는 없어도 되지만 휴대전화는 꼭 필요하다고 말하는 사람들이 있다. 일부 휴대전화들이 이미 TV 기능을 제공하고 있으니 TV가 없어도 되겠지만, 휴대전화의 매력은 단지 그 때문만은 아닐 것이다. 사람들은 이제 TV처럼 일방적으로 정보를 주는 것에 만족하지 않는다. 장소에 구애받지 않고 상대방과 정보를 서로 주고받을 수 있는 것을 더 좋아한다.

어떤 사람은 컴퓨터가 있어도 인터넷에 연결되어 있지 않다면 아무 의미가 없다고 말한다. 인터넷이 가능해야 메일도 교환하고, 정보도 검색하고, 온라인 게임도 즐길 수 있기 때문이다. 이제는 컴퓨터에 저장된 정보만으로는 아무 일도 처리할 수 없다고 생각하는 것이다.

오늘날 컴퓨터를 기반으로 하는 정보통신기술의 발전은 사람들이 살아가는 방식 그 자체를 완전히 바꾸어 놓았다. 정보통신기술이란 넓은 의미에서 정보를 수집하여 가공하고 저장하는 것은 물론 보관된

컴퓨터공학
여행을 향한 첫걸음

정보를 검색하여 활용하고 서로 주고받는 모든 과정에 사용되는 기술을 말한다. 이러한 정보통신기술의 핵심에 바로 컴퓨터가 있다.

컴퓨터가 등장하면서 우리들의 일상생활에 나타난 가장 큰 변화는 무엇일까? 사람들마다 보는 시각에 따라 의견이 다르겠지만, 우선 한 사람이 처리할 수 있는 일의 종류와 범위가 크게 달라졌다는 것을 꼽고 싶다. 예를 들어 과거에는 한 번에 한 가지씩밖에 일을 처리할 수 없었고, 현장을 보기 위해서는 직접 그곳에 가야 했다. 물론 사람도 직접 만나 일을 처리했다. 하지만 지금은 컴퓨터 앞에서 메일이나 채팅을 통해 많은 사람들과 대화를 나누고, 사진이나 동영상을 보면서 현장 상황을 확인하고 있다. 뿐만 아니라 해당 분야의 전문가를 찾아 도움을 요청하여 원격으로 일을 처리할 수도 있다. 하나의 단적인 부분을 봤지만, 분명 컴퓨터는 우리 생활을 아주 많이 변화시켰다.

그렇다면 대학에서 컴퓨터를 전공한다는 것은 무엇을 의미하는 것일까? 전공이란 전문적으로 공부하는 것이다. 대학에서 컴퓨터공학을 전공한다는 것은 단순히 컴퓨터를 만드는 기술을 배우는 것이 아니라 컴퓨터와 관련된 모든 학문적 지식을 전문적으로 공부하는 것을 말한다. 그리하여 컴퓨터를 이용하는 모든 분야에서 좀 더 쉽고 편리하게, 혹은 좀 더 빠르고 정확하게, 좀 더 비용을 줄이거나 이익을 늘리기 위해 새로운 방법을 찾고 새로운 기술을 만들어 내는 것이다.

언제 어디서나 음악을 즐기고 싶은 사람들을 위해 정보통신기술은 끊임없이 발전하여 왔다. 공연장에 직접 가기 힘든 사람들을 위해 라디오나 TV를 통해 방송을 하게 되었고, 음악을 저장하여 재생하기 위한 방법도 레코드, 테이프, CD와 DVD를 거쳐 지금은 다양한 형식의 파일 형태로 이용이 가능한 모든 종류의 메모리를 이용하고 있다. 인터넷을 통해 누구나 자신이 만든 음악을 공유할 수도 있고, 시중에서 구입할 수 없는 추억의 명곡을 지금 당장 다운받아 감상해 볼 수도 있다. 이러한 기술의 발전 과정에서 새로운 제품이 탄생하고 새로운 직업이 생겨나고 새로운 산업이 등장한다.

전공 분야로서 컴퓨터를 생각하는 것은 디지털 시대를 살아가는 우리에게 하나의 커다란 도전을 의미한다. 여러 가지 직업 중에서 한 가지를 고르는 것과는 비교할 수 없는 차원이 다른 문제이다. 컴퓨터를 전공한 사람은 미래에 얼마든지 새로운 직업을 선택할 수 있다. 세상을 바꾸는 원천기술, 그것이 곧 컴퓨터공학이 추구하는 학문의 세계이다. 이제 컴퓨터와 인터넷은 한 국가의 중요한 기반을 이루고 있다. 거의 모든 산업 분야에서 컴퓨터를 사용하는 일은 선택이 아니라 필수적인 것이 되어버렸다. 역설적으로 생각해 보면 컴퓨터를 잘 이해하고 활용할 수 있다면 그렇지 않은 사람보다 분명히 나은 무엇인가를 갖출 수 있게 된다! 단순히 컴퓨터 사용자로서의 능력이 아니라 컴퓨터가 처음 세상에 등장할 때부터 추구했던 '인간이 할 일을 스스로 대신할 수 있는 기계장치'의 능력을 최대한 활용하기 위해 컴퓨터공학을 선택하는 것은 어떨까?

컴퓨터공학
여행을 향한 첫걸음

# 컴퓨터공학인가?
# 컴퓨터과학인가?

공학 관련 학문 분야들은 대개 ○○○공학(○○○ engineering) 이라 불리는 데 비해, 컴퓨터공학(computer engineering)은 컴퓨터과학(computer science)과 병행하여 사용한다. 미국의 대학에서는 컴퓨터공학과보다는 컴퓨터과학과(또는 전산학과)라는 용어가 더 자주 사용된다.

컴퓨터가 '계산하다(compute)'라는 용어로부터 유래한 것에서 유추할 수 있듯이, 컴퓨터과학은 컴퓨터의 기반이 되는 계산(computation)의 이론과 응용에 초점이 맞추어진 학문이다.

컴퓨터과학자들은 컴퓨터를 단순히 계산만을 하는 기계가 아닌, 인간의 지능(intelligence)적 사고까지도 가능하도록 하는 학문적이고 이론적인 토대를 만들기 위해 노력하고 있다.

컴퓨터과학은 컴퓨터의 기반이 되는 계산의 이론과 응용에 초점이 맞추어진 학문이다.

이러한 컴퓨터과학과 전자, 전기, 기계 등의 공학적 기술요소를 결합하여 현대의 컴퓨터 시스템과 컴퓨터가 제어하는 장치들의 설계, 제작, 구현, 관리를 구체화시키는 데에 초점을 맞추고 있는 것이 바로 컴퓨터공학이다. 즉, 컴퓨터과학에서는 이론적인 측면을 강조하는 데 비하여, 컴퓨터공학은 실제적인 구현과 적용에 더 관심을 갖는다고 할 수 있다.

그러나 이러한 컴퓨터과학과 컴퓨터공학의 명확한 구분은 대학원에 진학하여 세분화된 전공을 연구하게 될 때에 이루어진다. 대부분 대학의 학부과정에서는 이 둘에 대한 구분을 두지 않고 전반적이고 기반이 되는 모든 내용을 공부하게 된다.

실제적으로, 이전에는 컴퓨터과학과 컴퓨터공학 간에 분명한 경계가 있었을지 모르나, 현재에는 이 둘 간에 명확한 선을 긋기가 매우 어렵다. 모든 학문이 고유의 영역으로 존재하지 않고, 서로 융합되는 경향이 있는 현대 학문의 큰 흐름상에서 더욱 그러하다. 따라서 이 분야를

이론기반의 컴퓨터과학과 실제적인 컴퓨터공학을 모두 배운다.

컴퓨터공학
여행을 향한 첫걸음

공부하고자 하는 학생들은 컴퓨터과학과 컴퓨터공학의 두 측면의 요소를 두루 갖출 필요가 있다.

상상박스

## 최초의 컴퓨터와
## 현대의 초소형 컴퓨터

세계 최초의 전자식 컴퓨터 '에니악(ENIAC, Electronic Numerical Integrator and Computer)'은 지금으로부터 약 60년 전인 1946년 2월에 첫선을 보였다. 1만 8000여 개의 팔뚝 크기의 진공관으로 이루어진 에니악은 무게 28톤, 길이 25미터, 높이 2.5미터, 폭 1미터의 엄청난 크기로 큰 방을 가득 채웠다.

현재에는 초소형 컴퓨터 개발을 위한 연구가 활발히 이루어지고 있다. 지갑 크기나 이보다 더 작은 크기의 컴퓨터가 출시되고 있으니 컴퓨터의 기술이 얼마나 빨리 발전하고 있는지를 알 수 있다.

# 컴퓨터공학의 매력을 밝혀라!

### 세계를 지배하는 소프트웨어

컴퓨터라고 하면 커다란 본체와 모니터를 떠올리게 된다. 컴퓨터는 이러한 모습 외에 다양한 형태로 우리의 일상생활에 자리를 잡고 있다. 휴대전화, MP3 플레이어, 게임기, 내비게이션, 디지털TV, 로봇, 항공기 제어장치 등이 모두 컴퓨터이다. 이와 같이 컴퓨터는 우리가 일상생활에서 가장 많이 접하는 것 중의 하나일 것이다.

실제로 사람이 눈으로 보고, 손으로 만질 수 있는 컴퓨터의 외적인 요소를 하드웨어라 한다. 그리고 하드웨어가 목적하는 동작을 수행하도록 하여, 사람에게 편리성을 제공하여 친숙한 존재로 만들어 주는 것이 소프트웨어이다. 똑같은 하드웨어라도 소프트웨어를 어떻게 다루고 만드느냐에 따라 하드웨어의 존재가치가 달라진다.

우리가 살고 있는 21세기를 인터넷과 디지털로 대표되는 정보와 지식을 기반으로 하는 정보화 사회라고 한다. 미래를 연구하는 학자들은

컴퓨터공학
여행을 향한 첫걸음

정보화 사회에서는 정보와 지식을 지배하는 개인이나 집단 또는 국가가 세계를 지배할 것이라고 진단하고 있다.

오늘날 정보와 지식이 집약된 IT(Information Technology, 정보기술)산업의 규모가 국력을 평가하는 중요한 기준이 되고 있다. IT의 기본이 되는 정보와 지식을 결합해 컴퓨터에 적용하여 개인, 집단 그리고 국가가 필요로 하는 동작을 하도록 하는 것은 소프트웨어를 통해 이루어진다. 실제로 전 세계의 모든 컴퓨터 장치들을 소프트웨어가 동작, 제어하고 있다. 소프트웨어가 세계를 지배하고 있다고 해도 과언이 아닐 것이다.

컴퓨터시스템과 소프트웨어를
잘 만들기 위한 이론과 실제 방법론을 배운다.

## 모든 학문의 발전을 돕는 착한 친구, 컴퓨터공학

사회의 기반구조를 형성해 온 주요 기술에 따라 사회는 변화해 왔다. 과거의 농경사회와 산업사회를 거쳐서 현재의 정보사회 그리고 지금은 융합사회로 발전되어 가고 있다. 인류의 역사상 농경기술은 약 2,500년간, 산업기술은 500년간 지속되었으며, 현재의 정보기술은 100년간, 또한 최근 각광받고 있는 바이오 · 나노기술은 향후 50년간 지속될 것으로 예상하고 있다. 이처럼 기술의 발달 주기는 매우 짧아지고 있고, 이에 따라 사회의 기반구조 또한 변화를 겪게 된다. 바이오·나노기술 다음으로 등장하여 사회를 지배할 기술요소는 단일 기술이 아닌 여러 기술들이 연계한 융합기술이 될 것으로 예견된다. 이와 같이 사회변혁의 주기가 점차적으로 짧아지고 있으며, 이러한 미래의 변화에 대비하기 위한 현명한 지혜가 더욱더 요구되고 있음을 인지하여야 한다.

정보기술의 발전은 컴퓨터공학기술 발전의 역사와 동일하다. 컴퓨터공학기술을 기반으로 바이오·나노기술이 발전하고 있으며, 컴퓨터공학기술이 인문, 사회, 공학의 융합기술 기반을 제공할 것이다. 예를 들어, 인문, 사회, 역사 자료들은 모두 디지털 자료화되어 컴퓨터를 통해 정리 재활용되고 있다. 또한 생명공학을 접목한 DNA 컴퓨터가 미래형 컴퓨터의 후보로 거론되고 있다. DNA 컴퓨터는 CPU와 메모리에 생물학적 분자인 DNA를 도입한다는 것인데, 현재의 컴퓨터는 0과 1이라는 두 가지 신호를 이용하지만 DNA에는 네 가지 염기(A, G, T, C)가 있어서 한꺼번에 더 많은 정보를 처리할 수 있다. 또한 DNA는 지름이 2나노미터에 불과해 이를 이용해 컴퓨터를 만들 경우, 컴퓨터의 크기를 획기적으로 줄일 수 있다는 것도 장점으로 꼽히고 있다.

이와 같이, 컴퓨터공학은 알게 모르게 우리가 살고 있고, 앞으로 살아갈

모든 시대 발전의 핵심 기반이 되는 기술로서의 역할을 수행하게 될 것이다.

미래융합기술의 기반이 되는
이론과 실제적인 내용을 배운다.

## 유비쿼터스 사회를 위한 기술에 컴퓨터공학이 있다!

컴퓨터가 우리 생활에 밀접한 연관을 갖게 된 가장 큰 원인은 아마도 인터넷일 것이다. 이전에는 필요한 정보를 구하기 위하여 정보가 보관된 장소(도서관, 기업체 등)를 정해진 시간에 방문해야만 했다. 하지만 지금은 인터넷을 통해 필요한 정보의 대부분을 시간과 장소에 구애받지 않고 구할 수 있게 되었다.

인터넷은 1960년대 말 처음 만들어졌다. 그 당시 세계는 미국과 소련 중심의 냉전 체제였는데, 핵전쟁이 일어날 때 일부 전화 교환기와 같이 정보를 전달하여 주는 네트워크 장치인 통신노드가 파괴되어도 자동으로 다른 가능한 통신노드를 찾아 통신할 수 있는 방법을 연구하는 과정에서 만들어졌다.

초기에는 관심 있는 연구원이나 학생들만이 제한적으로 이용하였으나, 1990년대 웹 기술이 개발되면서 대중화되어, 현재는 모든 통신의 기반이 되었다. 이제는 인터넷 없는 일상생활은 매우 불편할 뿐만 아니라 상상조차 힘들게 되었다.

앞으로는 모든 사물에 정보를 처리하는 컴퓨팅 기능을 부여하여 지능화시키고, 이들을 인터넷으로 연결하여 언제, 어디서나 자유롭게 소통할 수 있는 유비쿼터스(ubiquitous) 사회가 실현될 것이다. 유비쿼터스 사회의 실현을 위해서는 네트워크 기술, 소프트웨어 기술, 응용 프로그램 기술 그리고 인공지능과 같은 지능화 기술 등 컴퓨터공학에서 다루는 다양한 기술들이 필요하다.

유비쿼터스 사회 실현을 위한
인터넷 기술, 보안 기술, 응용 프로그램 기술 등에 대한
이론 및 실제적인 내용을 배운다.

컴퓨터공학
여행을 향한 첫걸음

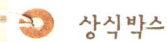

# 얼마나 많은 컴퓨터들이
# 인터넷에 연결되어 있을까?

www.zakon.org에는 인터넷의 역사와 얼마나 많은 컴퓨터들이 전 세계적으로 인터넷에 연결되어 있는가와 같은 다양한 통계 자료를 매년 갱신하여 보여주고 있다. 처음 인터넷이 시작된 1969년에는 4개 기관의 4대 컴퓨터에 연결된 것이 전부였다.

40여 년이 지난 2006년 2월, 약 4억 3000만 대의 컴퓨터가 인터넷에 연결되어 있다고 조사됐다. 이와 같이 매년 인터넷에 연결되는 컴퓨터의 수는 기하급수적으로 증가하고 있으며, 이에 따른 다양한 서비스와 기술들이 발전되고 있다.

# 컴퓨터공학도가 되고 싶다면 어떻게 해야 할까?

## 기본에 충실하자

미래를 상상한다는 것은 언제나 가슴을 두근거리게 만든다. 마치 꿈에 그리던 완벽한 상대를 길에서 우연히 마주쳤을 때처럼 말이다. 대학에 진학하는 것은 상상 속의 미래가 아니라 현실 속의 미래이다. 예를 들어 여행을 떠나기 전에 무엇을 준비해야 하는지 생각해 보자. 집을 떠난다는 것은 평소에 익숙한 나의 주변 환경을 바꾼다는 것을 의미한다. 즉, 혹시라도 없으면 불편하다고 느낄 만한 것들을 하나 둘 꼼꼼하게 챙겨보는 것이 곧 여행을 위한 짐 싸기의 기본인 것이다.

학생에게는 공부하는 것도 매일 밥을 먹는 것처럼 일상생활이 된다. 수저가 없으면 식사하기 불편한 것처럼 기초 지식이 없으면 공부하는 것도 힘들다. 그렇다면 현재 부족하다고 느끼는 기초 지식을 처음부터 다시 공부하면 되지 않을까? 여기에 생각의 함정이 숨어있다. 기초 체력이 부족하다고 세상에 태어나 처음 배운 숨쉬기 운동부터 다시

컴퓨터공학
여행을 향한 첫걸음

시작할 수는 없다. 무작정 기초 지식을 쌓겠다는 생각은 바꾸어야 한다. 아니 생각하는 방법 자체를 바꾸어야 한다.

컴퓨터공학은 상상력을 기반으로 이를 현실로 보여준 사람들을 통해 발전되어 왔다.

무언가 새로운 일을 시작하려면 그동안 하던 일 중 하나를 그만두어야 한다고 생각해 보자. 그래야 시간이 나고 또 비용을 마련할 수도 있을 테니까 말이다. 공부도 마찬가지이다. 대학생활을 상상하며 새로운 공부를 시작하려는 것은 진정으로 대학에 가기 위한 준비가 아니다. 현재 내가 하고 있고 해야만 하는 공부를 더욱 철저하고 완벽하게 하는 것이 가장 훌륭한 준비이다. 뒤늦게 대학에 가서 아니면 직장생활을 하면서 고등학교에서 배운 것을 잘 몰라 다시 교과서를 펼치는 상황은 반드시 피해야 하지 않을까? 미래는 현재가 과거가 되어야만 찾아오는 법이다. 미래를 준비하는 가장 중요한 지름길은 현재를 완벽한 과거로 만들어 가는 것임을 잊지 말자.

## 상상력을 키우자

상상력이 키워드이다. 하드웨어는 고정된 형태를 보여주지만, 소프트웨어는 무형의 존재로서 다양한 형태로 바뀔 수 있다. 컴퓨터공학을 전공하는 사람들은 상상하는 모든 것들을 소프트웨어를 통해 이룰 수 있다고 믿는다. 굳이 예를 들지 않더라도, 컴퓨터공학은 상상력을 기반으로 이를 현실로 보여준 사람들을 통해 발전되어 왔다. 컴퓨터 발명 이전에 기계가 스스로 알아서 계산해 줄 것이라고 생각한 사람들은 거의 없었을 것이다. 지금은 보편화된 컴퓨터의 윈도우도 이를 보여주기 전까지는, 모든 사람들은 텍스트로 컴퓨터를 사용해야만 하는 것으로 생각하고 있었다.

요즈음은 상상을 초월하는 게임들이 얼마나 많이 등장하고 있는가? 컴퓨터를 종이처럼 접어서 다닐 수 있다고 상상해 보았는가? 입고 다니는 컴퓨터를 상상해 보았는가? 실제로 이러한 컴퓨터를 볼 수 있는 날도 그리 멀지 않을 것으로 보인다.

이러한 모든 것을 볼 때, 컴퓨터가 제공하는 기능은 동일하지만, 이를 어떻게 활용하는가에 따라 가치가 달라진다는 것을 쉽게 짐작할 수 있다. 이를 가능하게 하는 것이 상상력이고, 컴퓨터공학은 이러한 상상력을 매우 필요로 하는 학문이다. 상상력을 키우기 위해서는 다양한 경험을 하는 것이 필요하겠지만 시간적으로나 현실적으로 많은 제약이 있다면 간접 경험으로써 다양한 종류와 분야의 책을 읽어보길 바란다.

### 컴퓨터는 게임만 할 수 있는 것이 아니다

컴퓨터공학을 전공하기 위해서는 평소 컴퓨터에 흥미가 있어야 하고, 미래 정보화 사회에서 주도적인 역할을 담당하겠다는 의욕이 있어야

컴퓨터공학
여행을 향한 첫걸음

한다. 몇 년 전 OECD에서 40개국 고등학교 1학년 학생을 대상으로 한 정보통신기술 활용도 조사에서 우리나라 학생들이 최하위권을 기록했다는 기사를 읽은 적이 있다. 미국 등의 상위권 국가에 속한 학생들은 컴퓨터에서 베이직과 같은 언어를 사용하여 직접 필요한 프로그램을 작성하여 원하는 결과를 구하기도 하고, 워드프로세서, 스프레드시트 등 다양한 소프트웨어 도구들을 사용하여 학교 공부에 적극 활용하는 것으로 조사되었다. 반면, 우리나라 학생들은 게임과 정보검색, 싸이월드와 같은 커뮤니티 활동에만 컴퓨터를 활용하는 것으로 보고되었다. 일부에서는 이 결과를 바탕으로 "한국 학생은 컴퓨터로 게임만 한다"라고 비하하였다고도 한다.

자, 컴퓨터는 게임이나 인터넷 정보검색만 하는 기계가 아니다. 컴퓨터를 다양한 방면에 활용할 수 있다는 것을 이해하자. 이를 위해서는 신문이나 잡지에 실리는 컴퓨터나 컴퓨터공학과 관련 기사들에 좀 더 관심을 기울여 보는 것이 필요하다. 더 나아가서는 컴퓨터에서 제공하는 워드프로세서와 같은 오피스 제품들을 활용하여 과제물도 작성해 보고, 간단한 프로그램 언어도 배워서 자신이 원하는 결과를 직접 프로그램해서 구해보는 것도 좋을 것이다.


## 선행학습이 필요할까?

요즘은 미리미리 공부하는 일이 유행이 되어버린 것 같다. 소위 '선행학습'이라는 이름으로 미리 공부해 두면 나중에 학교에서 배울 때 쉽게 이해할 수 있을 것이라고 막연히 믿어버리기 때문이다. 그러나 공부에도 적당한 때가 정해져 있다. 공부하는 데에도 앞뒤 순서가 있고 모든 과목들에 서로 조화를 이뤄야 하는 상호보완적인 관계도 있다.

예를 들어 이제 막 자연수의 덧셈을 배우기 시작한 학생에게 선행학습으로 미리 분수, 소수, 무리수, 심지어 행렬의 덧셈까지 몽땅 다 가르친다면 과연 나중에 도움이 될까? 섣부른 선행학습은 막상 필요한 시기에 흥미와 관심을 잃어버릴 수 있다는 위험을 안고 있다. 또한 대충 알고 있는 상태이면서도 섣불리 이미 다 알고 있는 것처럼 착각할 수도 있어 더욱 위험하다.

컴퓨터공학을 전공하기로 작정한 학생이 무엇을 미리 배워두는 것이 대학에 진학했을 때 정말로 도움이 될까? 대학에서 배울 교재를 미리 사서 읽어보는 것 자체는 호기심을 채우는 수준이라면 굳이 반대하지 않는다. 그러나 말 그대로 나중에 배울 과목을 미리 공부할 수 있는 수준이라면 기다릴 필요 없이 지금 당장 대학에 가는 것이 맞지 않을까? 고등학교에서 배우는 내용들을 제외하고 그래도 굳이 선행학습을 하고 싶다면 독서와 작문을 권하고 싶다. 그리고 앞에서 이야기한 바와 같이, 컴퓨터를 활용하는 다양한 용도에 대하여 관심을 갖고, 실제로 사용해 보려는 노력을 기울여 보기를 권한다.

알짜 정보

# 교수님이 추천하는
# 컴퓨터공학 관련 책들

### 〈21세기를 지배하는 10대 공학기술〉 장호남 외 지음 | 김영사

이 책에서는 21세기에 발전 가능성이 높고 한국이 국제 경쟁력을 가질 수 있는 핵심 산업 열 가지를 정하여, 각 분야 전문가의 심도 있고 명쾌한 해석을 실어 일반인들이 쉽게 이해할 수 있도록 기술하고 있다. 이 책에서 소개하는 열 가지 기술은 정보통신, 디지털가전, 반도체, 전자상거래 콘텐츠, 나노기술의 컴퓨터 관련 기술들과 생명공학, 에너지 환경, 자동차, 조선, 철강, 화공 신소재들이다.

이 책은 중고등학교 학생들도 충분히 읽고 이해할 수 있다. 미래의 사회는 정보화 시대를 거쳐서, 모든 학문들이 융합되는 융합시대로 변화하고 있다. 컴퓨터공학은 미래 융합 학문의 기반을 제공함과 동시에 응용 분야에까지 크게 영향을 미칠 것으로 예상된다. 미래의 컴퓨터공학을 전공하고자 하는 학생들이 이 책에서 소개하는 주요기술들에 대하여 충분한 이해를 갖춘다면 앞으로 미래의 융합시대에 큰 역할을 담당할 수 있는 역량을 갖출 수 있을 것이다.

### 〈컴퓨터의사 안철수 네 꿈에 미쳐라〉 김상훈 지음 | 미래를소유한사람들

이 책은 국내 최초 컴퓨터 바이러스 백신 개발자인 안철수 씨에 대한 이야기다. 안철수 씨에 대한 글이나 책들은 그동안 많이 나와 있지만, 이 책은 안철수 씨의 성장과정과 이 과정에서의 안철수 씨의 인간적인 면과 고뇌하는 모습들을 매우 진솔하게 기술하고 있다. 특히, 안철수 씨가 의사에서 컴퓨터 바이러스 전문가로 변신하면서 겪는 인간적인 고민과 새로이 컴퓨터 공부에 몰입하는 과정도 상세히 설명하고 있다. 그리고 남들이 모두 부러워하는 사업가 자리를 박차고, 새로운 경영학 공부를 하기로 결정하는 과정 또한 미래를 준비하며 도전하는 학생들이 눈여겨보아야 할 부분이다.

나는 이 책이 기술적인 이야기들보다 컴퓨터공학 분야에서 큰 성공을 이룬 사람의 인간적인 모습을 그려내어 더 친밀감을 느낀다. 현재에 안주하지 않고, 항상 새로운 변화에 대비하고, 실제로 이를 행동으로 옮긴 안철수 씨가 매우 부럽기도 하다. 상상하여 보건데, 보통 사람으로서는 참으로 하기 힘든 일이었을 것이다. 서문에 적은 것처럼, 특히 앞으로 수많은 선택을 하여야 할 중고등학생들에게 '올바른 일'과 '좋아하는 일'을 선택할 수 있는 용기를 줄 것이라 생각한다.

### 〈프로그래머 그들만의 이야기〉 한기용 외 지음 | 영진닷컴

책 제목만 보면 프로그래머라는 직업을 원하지 않는 학생들은 나하고 전혀 관계가 없다고 생각할 수도 있겠지만, 굳이 프로그래머가 아니라도 IT 분야에서 자신의 꿈을 이루어 보려는 학생이라면 꼭 한번 읽어볼 만한 책이다.

이 책은 모바일, 자바, 게임, 데이터베이스,

오픈소스, 닷넷 등 여러 분야에서 활동 중인 개발자들이 전문가로서 쌓아온 개발 노하우와 올바른 개발자가 되기 위해 고민하던 이야기를 진솔하게 전해주고 있다. 대학시절 소프트웨어의 근본이라 할 수 있는 자료구조나 알고리즘 과목을 제대로 배우지 못한 것에 대한 후회도 있고, 개발 이외에 경영, 마케팅, 인력관리, 기술지원, 제품기획 등과 같이 다양한 분야의 지식이 부족해 고생한 일화도 있다. 특히, 여러 사람들이 팀을 이루어 함께 작업하면서 대인관계와 의사소통에 어려움을 느낀 사례는 학생들에게 전공 공부 이외에도 대학생활을 통해 무엇을 얻기 위해 노력해야 하는지를 잘 보여주고 있다.

IT 분야에서 특히 강조하는 것은 개인의 실력이다. 실력을 기르는 첫걸음은 기초지식을 튼튼히 갖추는 것부터 시작된다. 현장에서 10년 이상 개발자로서 명성을 떨치는 전문가도 자신에게 가장 필요한 것은 학교로 돌아가 기초지식을 튼튼히 하는 것이라고 말한다면 이제 막 기초부터 한 걸음씩 배우기 시작하는 여러분에게 이보다 더 소중한 충고는 없을 것이다.

### 〈수학콘서트〉 박경미 지음 | 동아시아

이 책은 수학을 음악에 비유하여 소개하고 있다. 수학이 아름다운 학문이라서 왈츠(waltz)에 비유하고, 직관적인 학문이라서 즉흥곡(impromptu)에 비유하기도 한다. 이 책을 더욱 재미있고 흥미롭게 읽을 수 있는 것은 새로 개봉하는 영화의 예고편을 보듯이 일상생활 속에 숨겨진 수학 그것도 기초적인 수학이 아니라 평소에 우리가 어렵다고 멀리하는 한 차원 높은 수

학을 소개하고 있기 때문이다. 디지털 보안의 필수품인 현대 암호이론조차도 불과 몇 페이지에 걸쳐 그림과 함께 읽다 보면 누구나 쉽게 이해할 수 있을 것이다.

행렬 계산이 어떻게 생태계 분석의 도구로 쓰이는지, 단순해 보이는 집합 이론이 어떻게 사회과학에 적용되는지, 심지어는 함수의 그래프를 그려 주는 컴퓨터 프로그램을 사용하여 어떻게 만화 주인공을 그릴 수 있는지, 현대 사회에서 수학이 어떻게 쓰이고 응용할 수 있는지를 풍부한 사진과 그림을 통해 자세하게 설명해 준다. 그 밖에도 수학과 자연과학, 사회과학, 인문학을 정신없이 넘나들며 야구 경기장에서, 박물관의 그림에서, 할인매장에 전시된 상품의 바코드에서, 숨겨진 수학의 원리를 찾아내 소개하는 주제들을 따라다니다 보면 수학에 대한 막연한 두려움도 사라지고 수학적 사고력과 논리력도 키울 수 있다.

컴퓨터공학에서 특히 강조하는 것은 주어진 문제를 완벽하게 이해하고 자신이 고안한 문제해결 방법을 다른 사람에게 설명할 수 있는 수학적 사고력과 논리력이다. 또한 컴퓨터 공학을 전공할 학생이라면 다른 분야의 학문에 대해서도 항상 관심을 가져야 한다는 점에서 학생들에게 읽어보라고 건네주고 싶은 책이다.

# 컴퓨터공학에 대한 편견과 오해

**Q 컴퓨터공학과에 가면 컴퓨터만 연구한다?**

**A** 유명한 컴퓨터과학자 에츠허르 데이크스트라는 "컴퓨터과학에서 컴퓨터란, 천문학에서 망원경 이상의 것이 아니다"라고 하였다. 이미 앞에서 설명한 바와 같이 컴퓨터 자체에 대한 연구는 일부분이다. 컴퓨터공학에서는 컴퓨터를 활용해서 얼마나 다양하고 재미있는 일을 할 수 있을지에 대한 연구를 더 많이 한다.

**Q 컴퓨터를 잘 사용하면 컴퓨터공학을 잘 아는 것이다?**

**A** 컴퓨터를 잘 사용하는 것과 컴퓨터공학을 잘 아는 것과는 다르다. 컴퓨터공학은 컴퓨터의 원리, 컴퓨터를 사용하는 서비스의 원리 등 그 기초 바탕이 되는 것을 배우므로 컴퓨터를 잘 사용하면 도움이 되겠지만 그것이 전부는 아니다.

**Q 게임을 연구하려면 컴퓨터공학과에 가야 한다?**

**A** 게임은 캐릭터, 시나리오, 화면 그림, 게임 엔진 등 그 구성 요소가 굉장히 다양하다. 그리고 각 구성 요소마다 전공 분야가 다르다. 컴퓨터공학과에서는 게임 엔진 즉, 컴퓨터 내부에서 실행되는 프로그램을 개발하는 것을 배울 수 있지만, 캐릭터나 시나리오, 화면 그림 등은 학과 공부 외의 다른 활동 등을 통해 학습해야 한다.

**Q 컴퓨터공학과를 졸업하면 프로그래밍 관련 분야에만 취업한다?**

**A** 컴퓨터공학과를 졸업하면 프로그래밍에 대한 경험을 많이 쌓게 되므로 소프트

웨어 혹은 서비스를 개발하는 프로그래밍 업무를 수행하는 직업을 갖는 경우가 가장 많다. 하지만, 컴퓨터와 컴퓨터를 활용한 다양한 응용 분야에 대해서도 학습하게 되므로 프로그래밍 외의 다른 분야로도 취업할 수 있다. 정보보호 관련 업무를 수행하거나 정보통신 관련 정책을 기획하는 정부 기관에 취업을 할 수 있다. 또한 통신 회사의 망 관리와 서비스 기획 관리를 담당하는 부서로 취업도 가능하다.

**Q** 전공이 컴퓨터공학이면 PC 수리는 당연히 잘 할 것이다?

**A** 컴퓨터공학과에서는 컴퓨터 구조와 운영의 기본 원리를 학습하는 것이지, 개별 상용 컴퓨터의 구조나 개별 상용 운영체제를 학습하지는 않는다. 따라서 PC가 고장이 났을 때 원인을 추론할 수는 있겠지만 당연히 수리를 잘 할 것이라고 생각하는 것은 무리다. PC 수리를 위해서는 전문적인 교육이 따로 필요하다. 다만, 학습 기간이 비전공자보다는 훨씬 단축될 수 있을 것이다.

**Q** 컴퓨터공학 전공자는 컴퓨터 견적 정도는 쉽게 뽑을 수 있다?

**A** 컴퓨터공학 전공 과정에서는 제품의 가격 등에 대해서는 학습하지 않는다. 컴퓨터공학 전공자는 컴퓨터를 접할 기회가 많기 때문에 제품의 추세 등을 좀 더 잘 알 수 있을 뿐이다.

**Q** 컴퓨터공학을 전공하면 모든 컴퓨터 프로그램을 사용할 줄 안다?

컴퓨터공학
여행을 향한 첫걸음

**A** 컴퓨터공학 전공자들이 비전공자들에게 겪는 크나큰 오해 중의 하나가 이것이다. 초기 컴퓨터가 개발되던 시기에는 응용 프로그램의 종류가 그리 다양하지 않아서 대부분의 응용 프로그램들을 사용할 수 있었다. 하지만, 이제는 모든 직업군에서 컴퓨터를 사용하게 되면서 응용 프로그램의 종류가 매우 다양해졌다. 컴퓨터공학은 프로그램을 개발하는 능력을 배양하는 곳이지 프로그램 사용법을 배우는 곳이 아니다. 사용할 수 있는 프로그램의 숫자를 따지자면 비전공자와 크게 다르지 않을 것이다.

# 교수님과 함께 떠나는
# 컴퓨터공학 여행

# 컴퓨터공학과는
# 언제 생겼을까?

미국에서는 1950년대부터 컴퓨터에 관련된 과목들이 생겨났다. 컴퓨터과학을 전공하는 학과는 1962년 미국의 퍼듀 대학에서 처음 만들어졌다. 첫 컴퓨터과학 박사 학위는 1965년 펜실베이니아 대학에서 수여되었고, 1967년에는 컴퓨터과학 관련 학사, 석사, 박사 학위를 수여하는 대학이 20여 개 있었다.

우리나라에서 컴퓨터 관련 학과가 처음 개설된 것은 1969년 숭실대학교의 전자계산학과에서이다. 우리나라에 처음 도입된 컴퓨터는 1967년 4월 경제기획원 조사통계국이 도입한 'IBM 1401'로 기록되어 있다. 우리나라의 컴퓨터공학과의 역사는 컴퓨터의 도입과 함께 시작되었다고 해도 맞을 것이다. 초기에는 전산학과 혹은 전자계산학과라는 이름이었으나 요즘에는 컴퓨터 분야가 다양화되고 각 분야별로 전문성이 깊어지면서 더욱 세분화된 이름으로 각 대학에 개설되어 있다. 현재 우리나라 대부분의 대학교에 컴퓨터공학 관련 학과들이 있다.

# 컴퓨터공학과에서는 무엇을 배울까?

학문의 이름에서 알 수 있듯이, 컴퓨터 혹은 컴퓨터과학은 컴퓨터와 관련된 모든 것들을 연구한다. 컴퓨터 자체에 대한 연구도 하고, 컴퓨터에서 실행되는 프로그램에 대한 연구도 하고, 컴퓨터들을 연결하는 기술, 혹은 연결해서 할 수 있는 모든 가능한 것들에 대해서 연구한다. 그리고 컴퓨터를 이용해 다른 학문 분야에서 활용할 수 있도록 돕는 학문 간 융합 기술에 대한 연구도 한다. 결론적으로 컴퓨터와 컴퓨터를 활용하는 모든 기술을 연구한다고 할 수 있겠다.

이런 설명은 컴퓨터공학에 대해 알고 싶은 여러분의 지적 호기심을 채우기에는 너무나 막연하고 불분명할지도 모르겠다. 그럼, 구체적으로 분야를 얘기해 보도록 하자. 컴퓨터공학의 분야를 어떻게 나눌 수 있을까? 정답이 없다. 나의 관점에서, 대부분의 대학들의 컴퓨터공학과에서 공부하는 과목들을 공통된 특징에 맞추어 크게 나누어 본다면 컴퓨터과학이론, 컴퓨터시스템, 소프트웨어응용, 컴퓨터통신 분야로 구분할 수 있다. 실제로는, 각각의 분야들은 상호 연관되어 있어서 명확히 구분하는 것은 어렵다.

### 컴퓨터과학 이론 분야

우리가 컴퓨터에게 요구하는 일들은 무척 다양하다. 때로는 컴퓨터가 사람과 동일한 사고 체계를 갖춘 것처럼 생각하고 요구하는 경우가 있다. 하지만, 컴퓨터는 아주 단순한 체계로 이루어진 기계이다. 이런 기계가 사람들이 생각하는 문제를 해결하도록 하기 위해서는 해결 방법 자체에 대한 연구가 필요한데, 컴퓨터과학 이론 분야를 연구하는 사람들이 이러한 일을 수행한다.

컴퓨터과학 이론 분야에서는 이산수학, 알고리즘, 자료구조, 계산이론, 인공지능 등의 컴퓨터과학의 전통적인 이론을 배운다. 여기에서 배우는 내용은 다른 컴퓨터공학 분야 공부의 기반이 된다. 더 나아가서 생명공학 등의 타 학문 분야와 연계하여 새로운 융합학문연구를 할 수 있도록 해준다. 예를 들어, 바이오 인포매틱스가 있다. 생물학적 유전자 정보를 컴퓨터에서의 데이터베이스와 자료구조와 결합하여 관리하고 활용하기 위한 것으로 최근 각광받는 연구 분야 중 하나이다.

## 컴퓨터시스템 분야

컴퓨터시스템 분야에서는 CPU, 메모리, 입출력 장치 등의 하드웨어로 구성되는 컴퓨터의 구조와 이들을 동작시키는 운영체제, 시스템 소프트웨어에 대해 배우고 연구한다.

현재 우리가 사용하는 컴퓨터 장치는 매우 다양하다. 데인프레임이나 데스크 탑과 같은 큰 종류는 물론 휴대전화, PDA, MP3 플레이어, PMP, 게임기 등과 같이 '임베디드 시스템(embedded system)' 이라고 부르는 특정한 용도의 컴퓨터들이 있다. 방 하나를 가득 채울 만큼 덩치가 큰 최초의 컴퓨터가 지금 손 안에서 동작할 정도로 작아진 것은 바로 컴퓨터시스템 분야의 연구 성과 덕분이다.

또한 컴퓨터를 효율적으로 편리하게 사용할 수 있는 운영 환경을 어떻게 제공해 줄 수 있는가 하는 것들을 연구한다. 컴퓨터가 사용되던 초기에는 한 번에 한 가지 프로그램밖에 사용할 수 없었지만, 요즘은 인터넷 브라우저, 메신저, 워드 프로세서, 게임 등 생각나는 대로 프로그램들을 띄어놓아도 컴퓨터가 거뜬하게 잘 동작한다. 이러한 것들이 운영체제의 연구 성과 덕분인 것이다.

컴퓨터시스템 분야에서 중요하게 연구하고 있는 것이 앞서 말한 임베디드 시스템이다. 컴퓨터라는 이름이 붙지 않더라도 냉장고 같은 일반 가전제품이나 PMP(개인 멀티미디어 플레이어), 차량용 내비게이터 같은 소규모 장치들도 컴퓨터와 같은 능력을 갖도록 발전하고 있다. 이렇게 소규모 장치에 필요한 기능들을 집적하기 위해 서는 많은 연구가 필요하다. 최근 우리나라는 IT 분야에서 세계를 선도하는 기술력을 확보하기 위해 임베디드 시스템의 하드웨어와 소프트웨어를 집중 육성하려고 많은 연구개발비를 투자하고 있다.

## 소프트웨어 응용 분야

소프트웨어와 하드웨어에 대해서는 이미 그 의미의 차이를 알고 있을 것이라 생각한다. 소프트웨어 응용 분야에서는 프로그래밍, 데이터베이스, 정보 보안, 소프트웨어공학, 컴퓨터비전, 그래픽스의 소프트웨어를 활용하는 방법론과 실제 응용에 대하여 배운다.

소프트웨어 응용을 위해서는 프로그래밍만 할 줄 아는 것으로는 부족하다. 컴퓨터과학이론, 컴퓨터시스템, 컴퓨터통신의 개념을 확실히 알아야 한다. 예를 들어, 인터넷 게임프로그램을 개발한다고 가정해 보자. 우선 인터넷 게임프로그램은 인터넷상에서 동작해야 하므로 통신을 활용하는 방법을 알아야 한다. 또한 빠르게 동작하도록 하기 위해 알고리즘 등의 이론을 적용할 수 있어야 하는 것은 물론, 정보를 관리하는 데이터베이스, 개인의 정보를 보호하기 위한 정보 보안 등의 다양한 요소를 알아야 한다.

소프트웨어도 그 규모의 크기나 복잡한 정도를 따진다면 일반 건물을 짓는 것만큼 많은 설계 노력이 필요하다. 이런 설계 노력을 효율적으로 관리하기 위한 방안 등을 '소프트웨어공학'에서 연구한다. 1960년대까지만 해도 소프트웨어는 하드웨어의 일부라고 간주되어 왔지만,

요즘에 와서는 소프트웨어도 그 자체로서 의미를 가질 뿐만 아니라 그 시장 규모가 하드웨어에 못지않게 크게 성장하고 있다. 또한, 하드웨어의 성능이 크게 좋아지면서 하드웨어에서 실행되는 소프트웨어에서 수행해야 할 기능들이 점점 더 복잡해지고 있다.

소프트웨어를 효율적으로 잘 관리하는 기술은 매우 중요하다. 우리나라는 건축물이 계획대로 튼튼하게 잘 지어졌는지 점검하는 감리사가 있는 것처럼, 소프트웨어에 대해서도 감리사 제도를 정착시키려고 노력하고 있다.

소프트웨어는 결국 인간생활을 더욱 편리하게 할 수 있도록 돕는 역할을 하는 것이다. 따라서 인간생활을 잘 반영해야 성공적인 소프트웨어가 된다. 어떻게 하면 인간의 사고와 유사하게 추론할 수 있고 일상을 잘 표현할 수 있는가 하는 기술들을 연구하는 것이 바로 '인공지능'이다. 인공지능은 그 응용 분야가 무궁무진하다. 그저 사람이 지시하는 대로 동작하는 것이 아니라 주변 상황 등을 파악하고 사람의 의도를 판단해 사람이 지시하기에 앞서 알아서 서비스를 제공하기를 원하는 모든 분야에 인공지능이 적용될 수 있다.

요즘 세상에서는 정보의 가치가 매우 중요하다. 하지만 단순히 관찰된 사실은 정보가 아니다. 다양한 사실이 의미 있게 종합되어야만 정보로서 가치를 갖는다. 그리고 수집된 자료들을 효과적으로 접근해서 활용할 수 있도록 관리하지 않으면 아무 의미가 없다. 따라서 '데이터베이스'에서는 이런 기술들을 연구한다. 그중 데이터 마이닝이라는 세부 분야에서 서로 다른 관점에서 관측된 데이터들을 종합하여 더욱 유용한 정보로 가공하기 위한 기술을 연구한다. 원리가 되는 기술은 기존의 것과 큰 차이는 없겠지만, 분야에 따라서 데이터들 간의 관계나 특성이 다르기 때문에 기본 원리를 분야에 따라 변형하고 응용하는 방안을 연구하는 것이 데이터 마이닝의 주된 연구 분야라고 할 수 있겠다.

## 컴퓨터통신 분야

컴퓨터통신 분야에서는 정보통신의 기본개념, 인터넷의 구조와 동작 원리, 무선이동통신, 초고속통신, 멀티미디어통신 등의 내용을 배우고 연구한다. IT 기술 발전은 컴퓨터통신 기술의 발전에서 기인하였다고 해도 과언이 아닐 것이다. 뿐만 아니라 컴퓨터공학 외에 다른 공학 분야는 물론 자연과학, 인문, 사회과학의 전 분야가 정보통신 기술을 통해 더욱 진화되어 나가고 있다.

정보통신 기술은 다른 과학기술에 비하여 빠르게 발전하고 있다. 우리가 책상에 앉아 컴퓨터를 사용해서 웹사이트를 검색하고 친구와 메신저를 할 수 있는 것도 컴퓨터통신 분야의 연구 성과 덕분이다. 휴대전화로 친구와 통화를 하고, 메시지를 주고받고, 음악 다운로드 서비스를 받고, 친구 찾기 등을 할 수 있는 것 역시 컴퓨터통신의 '이동통

신' 분야의 연구 성과 덕분이다.

휴대전화와 이동통신 사업자가 운영하는 기지국과의 통신, 내 휴대전화 프로그램과 친구의 휴대전화 프로그램 사이에서 자료를 주고받는 기술, 휴대전화 프로그램과 게임 서버가 연결되어 온라인 게임을 지원하는 기술 등 이 모든 것들이 컴퓨터통신 분야에서 행해지는 연구 내용의 일부이다.

컴퓨터통신은 이렇게 사람들이 직접 피부로 그 편리함을 느낄 수 있는 분야뿐만 아니라 우주에 떠있는 위성과 지구의 관측소 사이에서의 통신 방법에 대해서도 연구하고 있다. 그리고, 기후 관측을 위해 뿌려진 센서들이 감지한 자료를 수집하기 위한 자료 전달 방법 등도 컴퓨터통신 분야에서 연구하고 있다.

**상식박스**

# 정보시스템 감리사는 무슨 일을 할까?

정보시스템에는 기업의 활동과 관련된 영업비밀, 인사기록, 고객자료 등의 각종 중요 정보가 저장되어 있다. 정보화 시대가 발전할수록 기업이나 기관의 정보시스템 존재가치는 더 커지며, 이를 얼마나 잘 보호하고 관리하는가에 따라 기업의 효율성이 좌우될 수 있다. 때문에, 이러한 정보시스템의 장애나 정보유출과 같은 사고가 발생할 경우 이에 대한 피해는 상상할 수 없을 정도로 막대하다.

정보시스템 감리사는 정보시스템의 효율성과 안정성을 책임지는 역할을 한다. 정보시스템의 구축과 운영에 관한 사항을 종합적으로 점검하고 평가하여 개선이 필요한 사항을 알리는 일을 하는 것이다.

정보시스템 감리사가 되기 위해서는 먼저 국가공인 자격증을 따야 한다. 매년 한국정보사회진흥원에서 수여하는데, 정보통신 분야에서 일정 수준 이상의 자격을 갖춘 지원자를 선발하여 교육한 후, 정보시스템 감리 관련 전문가로 구성된 정보시스템 감리사 평가위원회의 심사를 거쳐 최종 선발된다. 정보시스템 감리사는 현장에서 꽤 오랜 기간 근무한 사람이 취득할 수 있는 자격증이라 할 수 있다.

2007년부터는 공공기관 정보시스템 감리가 의무화되었다. 일정 규모 이상의 정보시스템 구축에 관한 사업은 반드시 외부 전문 감리기관에서 감리를 받아야만 한다. 이에 따라, 정보시스템 감리사에 대한 수요가 증가할 것으로 예상된다. 정보시스템 감리사 시험에 대한 정보는 한국정보사회진흥원의 정보시스템 감리사 홈페이지(http://auditor.nia.or.kr)를 참조하길 바란다.

교수님과 함께 떠나는
컴퓨터공학 여행

# 컴퓨터공학 관련 학회들

컴퓨터공학 연구를 주도하는 대표적인 국제적인 학회로 ACM(Association for Computing Machinery)와 IEEE(Institute of Electrical and Electronics Engineers)를 들 수 있다. ACM은 컴퓨터공학을 기반으로 하고 있으며, IEEE는 컴퓨터공학과 전기전자공학을 모두 포함한다.

이 학회의 사이트인 www.acm.org와 www.ieee.org를 방문하여 보면, 학회에서 연구하고 있는 세부 연구 분야들을 알 수 있다. 또한 세계 연구자들의 논문도 볼 수 있다.

대표적인 국내의 학회로는 한국정보과학회(www.kiise.or.kr)와 한국통신학회(www.kics.or.kr)가 있다. 많은 세부 연구회를 운영하고 있는 학회의 홈페이지를 방문하면 이들 연구회의 연구내용들을 볼 수 있다. 연구회의 수행내용에 대한 설명을 읽어보면 많은 도움이 될 것이다.

컴퓨터공학 분야의 대표적인 학회라 할 수 있는 한국정보과학회에는 인공지능연구회, 프로그래밍언어연구회, 컴퓨터시스템연구회, 소프트웨어공학연구회, 고성능컴퓨팅연구회, 컴퓨터이론연구회, 언어공학연구회, 인간과 컴퓨터상호작용연구회, 컴퓨터비전 및 패턴인식연구회, 컴퓨터그래픽스연구회, 정보보호연구회, 바이오정보기술연구회, 커뮤니티컴퓨팅연구회 등 13개의 연구회와 데이터베이스 소사이어티, 정보통신 소사이어티 등 2개의 소사이어티가 있다.

# 한눈에 보는 컴퓨터 기술의 역사

### 컴퓨터의 시작

컴퓨터의 개발은 수학의 한 분야로 출발했다고 볼 수 있다. 오류가 많이 발생하는 복잡한 계산을 쉽게 할 수 있는 방법을 찾는 것에서 시작했으니 말이다. 1600년대 스코틀랜드의 네이피어가 곱셈을 쉽게 하기 위한 기계를 만든 것에 이어, 프랑스 수학자인 파스칼이 수학 연산을 위한 기계를 만들었다.

파스칼은 세무국장인 아버지의 일을 종종 도왔는데, 세무서의 단순한 일은 그를 지루하게 만들었다. 그는 끝없는 덧셈으로 낭비되는 시간을 줄이고 창조적인 생각에 몰두할 수 있게 해줄 장치를 꿈꾸었고, 결국 톱니바퀴를 활용한 기계식 수동 계산기인 파스칼린을 개발하였다. 디지털 컴퓨터의 원형이라 할 수 있는 프로그래밍이 가능한 최초의 컴퓨터인 분석기관(Analytic Engine)을 설계한 사람 역시 수학자였다. 영국의 수학자 찰스 배비지는 1822년부터 평생 동안 이 분석기관 제

작에 매달렸다. 하지만, 당시의 기술 수준은 그의 아이디어를 따르지 못해 제작에는 실패하였다. 하지만 입력장치, 출력장치, 처리장치, 저장장치 등을 포함하고 있던 그의 컴퓨터 설계 개념은 그 후 컴퓨터 역사의 한 이정표가 되었다. 찰스 배비지의 친구이자 러브레이스의 부인인 에이다 어거스타 바이런 백작부인이 찰스 배비지의 기계를 이용한 프로그램 개발을 계획했다. 이러한 이유로 그녀는 '최초 프로그래머'라고 불린다. 이후 개발된 에이다(Ada)라는 프로그래밍 언어 역시 에이다 백작부인의 이름을 따서 명명한 것이다.

디지털 컴퓨터의 원형이라 할 수 있는 프로그래밍이 가능한 최초의 컴퓨터인 분석기관(Analytic Engine)을 설계한 사람 역시 수학자였다.

1936년에는 알란 튜링이 컴퓨터의 형식적인 모델이 되는 튜링 머신(Turing Machine)을 제안하였다. 튜링 머신을 쉽게 설명하자면, 순차적인 명령으로 표현될 수 있는 모든 가능한 일을 수행하는 로봇이라 할 수 있겠다. 튜링 머신의 개념은 무척 단순하지만 만들고자 하는 컴퓨터의 논리를 모사하는 데 활용될 수 있다는 점에서 그 가치가 높다. 우리는 이미 컴퓨터에 많이 익숙해져서 튜링 머신의 개념이 얼마나 새로운 것인지 잘 판단이 되지 않지만, 아직 컴퓨터라는 것이 존재하지 않았던 당시에 이런 개념을 제시했다는 것은 천재적인 아이디어라고 하지 않을 수 없다.

1944년에는 미국 하버드 대학의 에이컨 교수가 최초의 전기기계식 컴퓨터인 마크 1(MARK-1)을 개발하였고, 1946년에 비로소 최초의 전자

계산기라 불리는 에니악(ENIAC)이 개발되었다. 그러나 그 크기는 커다란 방을 채우고도 모자랄 만큼 크고 요즘의 컴퓨터와는 비교할 수 없을 만큼 단순한 기능만을 수행하였다. 게다가 한 작업이 끝나고 새로운 계산을 할 때마다 기계 안의 배선을 일부 변경시켜야 했다.

## CPU의 역사

컴퓨터시스템의 역사는 우선 CPU(중앙처리장치)의 역사로 설명할 수 있다. 1940년대에 만들어진 에니악 등은 진공관을 사용해서 만든 CPU를 사용했고, 그 이후로 트랜지스터(transistor)를 사용한 CPU가 만들어졌다. 1959년에는 집적 회로(Integrated Circuit)를 사용하여 컴퓨터의 크기를 현저하게 줄일 수 있는 혁신적인 기술이 개발되었다.

이후 집적도는 급속하게 향상되어 1965년에는 "반도체 집적회로의 성능이 24개월마다 2배로 늘어난다"는 '무어의 법칙'이 등장했다. 1965년 미국 인텔사의 무어 사장이 주장한 법칙이다. 현재도 이러한 속도로 새로운 CPU들이 속속 개발되고 있다.

또한 CPU 성능 향상에 발맞춰, "1년마다 반도체 용량이 2배씩 증가한다"는 메모리의 성능 향상에 대한 '황의 법칙'도 나타났다.

## 운영체제의 역사

1960년대에 운영체제에서 혁신적인 기술 개발이 있었다. IBM에서 System/360을 개발한 것이다. 이로써 동일한 구조와 명령어 세트를

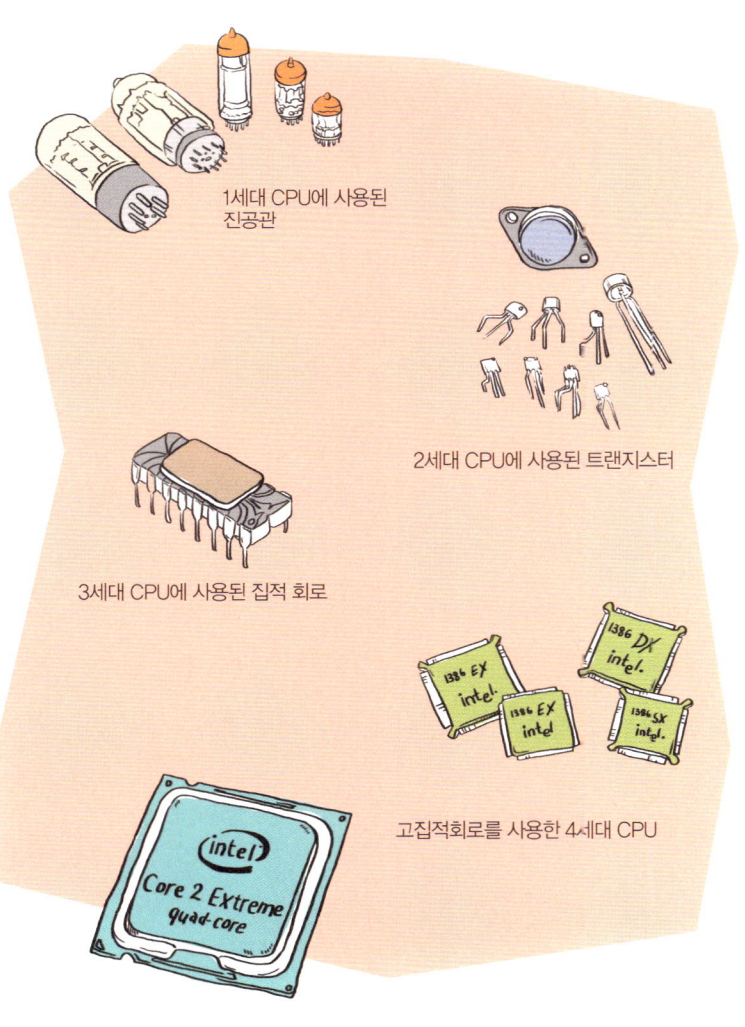

1세대 CPU에 사용된 진공관

2세대 CPU에 사용된 트랜지스터

3세대 CPU에 사용된 집적 회로

고집적회로를 사용한 4세대 CPU

그림으로 보는 CPU의 역사

갖는 여러 단계의 컴퓨터들을 개발할 수 있게 되었다. 이것은 회사나 학교 등의 단체에서 소비하는 장비였는데 이들은 필요에 따라 소규모 컴퓨터에서 대용량 컴퓨터까지 선택하여 구매할 수 있게 되었다.

System/360에서 사용하던 운영체제 OS/360부터 운영체제라는 개념이 분명해졌고, 컴퓨터의 다양한 기능을 체계적으로 관리하도록 구성됐다. 프로그램을 잘게 잘라서 당장 수행해야 할 부분만 메모리에 저장하도록 하는 방법인 세그먼트 기법과 하드디스크의 일부를 메인메모리와 같이 사용하는 개념인 가상메모리가 도입되었고, 계층적 디렉터리를 갖는 파일시스템의 개념을 적용하면서 운영체제가 급속하게 발전하기 시작했다.

우리가 운영체제의 대표로 여기고 있는 마이크로소프트사의 윈도우즈는 초기부터 환영을 받았던 것은 아니다. 최초의 윈도우즈라 할 수 있는 윈도우즈 1.0은 1985년에 만들어졌는데, 한 번에 하나의 프로그램만 사용할 수 있었고, 화면도 지극히 단순했다. 1990년에 만들어진 윈도우즈 3.0에 이르러서야 동시에 여러 프로그램을 실행하는 멀티태스킹이 실현되었다. 또한 화면도 주로 아이콘으로 구성되어 있어서 사용자들이 쉽게 사용할 수 있게 되었다. 가상메모리라는 개념을 적용하면서 일반 사용자들에게 많은 관심을 끌기 시작했다. 그 후, 윈도우즈 NT, 윈도우즈 98, 윈도우즈 2000, 윈도우즈 XP, 윈도우즈 비스타(Vista) 등으로 계속 진화하며 발전해 오고 있다.

글자 대신 아이콘으로 화면을 구성하여 사용자가 컴퓨터를 쉽게 사용

하도록 하는 방법인 그래픽 유저 인터페이스는 마이크로소프트의 윈도우즈보다 애플(Apple)의 맥 OS(Mac OS)가 그 역사를 먼저하고 있다. 맥 OS는 1984년 1월에 발표된 개인용 컴퓨터 매킨토시를 위한 운영체제다. 매킨토시 컴퓨터는 컴퓨터에 대한 전문 지식이 없는 사람도 손쉽게 쓸 수 있도록 개발되었다. 인간과 기계 사이의 대화 방법을 중요하게 여기는 것이 특징이다. 그러나 다른 종류의 컴퓨터와 호환하기 어려워 사용하는 사람들이 많지 않다. 출판이나 그래픽 등 특정 분야에서 주로 사용되어 시장점유율이 현격히 떨어진다.

매킨토시를 처음 개발할 때만 해도 다른 컴퓨터들은 명령어를 사용자가 일일이 입력해서 이용해야 했다. 하지만 매킨토시는 아이콘, 메뉴, 마우스 등을 그림으로 만든 환경을 도입해 이용하기가 매우 쉬웠다. 요즘의 MS 윈도우즈가 그렇듯이 컴퓨터를 처음 배우기 시작하는 이용자들도 설명서를 볼 필요 없이 이것저것 아이콘을 클릭하다 보면 쉽게 작업 방법을 익힐 수 있었다. 이러한 매킨토시 개발은 마이크로소프트사가 윈도우즈를 개발하게 하는 큰 자극제 역할을 했다.

또 다른 형태의 운영체제로 유닉스(Unix)와 리눅스(Linux)가 있다. 유닉스는 현재까지도 가장 안정적이고 강력한 성능을 지닌 운영체제로 널리 알려져 있다. 유닉스는 1971년 미국의 통신회사인 AT&T사의 벨 연구소에서 개발되었다. 유닉스 시스템의 가장 큰 목적은 서로 다른 컴퓨터 기종 간에도 동일한 운영체제를 쓸 수 있도록 하자는 것이다. 유닉스 덕분에 사용자는 워크스테이션, 개인용 컴퓨터, 대형 컴퓨터, 마이크로컴퓨터에 이르기까지 다양한 종류의 컴퓨터에서 기종에 상관없이 동일한 명령어와 응용 프로그램을 사용할 수 있다.

지금까지 유닉스 시스템은 크게 두 가지 방향으로 발전되어 왔다. 하나는 AT&T사가 상품화한 유닉스 시스템 시리즈이고 다른 하나는 버클리 대학에서 만든 BSD(Berkeley Software Distribution) 유닉스이다. 이 외에도 회사별로 유사하지만 서로 호환되지 않는 유닉스 버전들을 만들어 냈다.

그리고 이렇게 다양한 유닉스들 간의 호환성을 보장하기 위해 1984년 X/OPEN을 설립해서 유닉스의 표준화를 시도했다. 이러한 과정에서도 유닉스 인터내셔널(Unix International), 오픈 소프트웨어 파운데이션(Open Software Foundation) 등 독자적인 유닉스 그룹들을 만들어 서로의 기술을 표준으로 세우기 위한 경쟁이 치열하게 진행되었다. 하지만 X/OPEN이 표준화의 중심에 서서 API(Application Programming Interface) 표준화를 추진하였다. 덕분에 현재 유닉스 사용자는 유닉스의 종류에 상관없이 프로그램을 실행할 수 있게 되었고 공통된 환경을 사용할 수 있게 되었다.

일반 PC 사용자에게 더욱 익숙한 리눅스는 1989년 핀란드 헬싱키 대

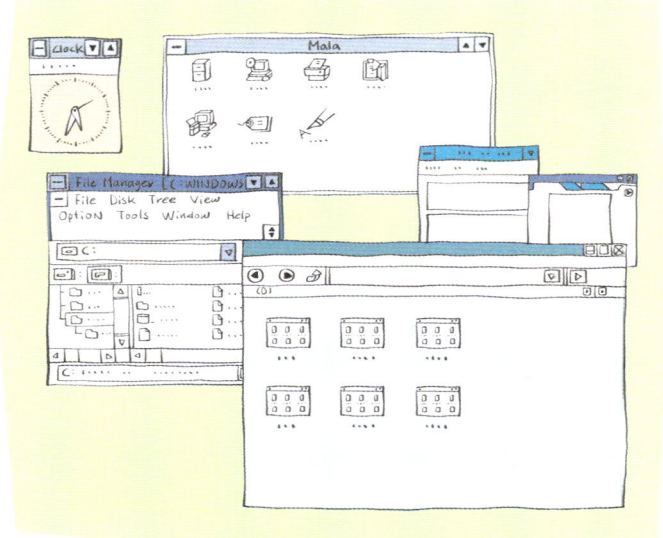

마이크로소프트 윈도우즈 1.0 응용 프로그램 화면과 마이크로소프트 윈도우즈 3.0 화면

학에 재학 중이던 리누스 토발즈가 개발한 것이다. 그는 유닉스를 기반으로 리눅스를 개발하기 시작했다. 1991년 11월에 버전 0.10이 일반에 공개되면서 확대 보급되었다. 유닉스가 중대형 컴퓨터에서 주로 쓰이는 것과 달리 리눅스는 워크스테이션이나 개인용 컴퓨터에서 주로 활용된다. 특히 리눅스는 프로그램 코드를 무료로 공개해서 전 세계적으로 약 500만 명이 넘는 프로그램 개발자 그룹이 형성되어 있다. 이들을 통해 '독점이 아닌 다수를 위한 공개'라는 원칙하에서 지속적인 업그레이드가 이루어지고 있다.

## 마우스 이야기

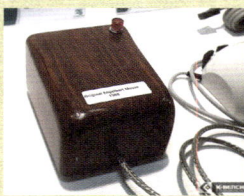

제록스 더글러스의 첫 마우스

컴퓨터에서 마우스와 윈도우는 빼놓을 수 없는 개념이 되어버렸지만, 1970년대 말에만 해도 타자기 형태의 키보드 중심의 컴퓨터가 일반적으로 사용되고 있었다. 애플사가 개발한 매킨토시가 마우스와 윈도우라는 개념을 도입해 제공했지만 가격이 비싸서 널리 이용되지 못했다.

1968년 12월 미국 제록스사의 더글러스 앵겔바트가 자신의 동료들 앞에서 자신이 개발한 마우스를 처음 선보였다. 이것이 널리 이용되기 시작한 것은 1990년대 이후의 일이다.

컴퓨터에 관련된 유용한 기술들에 대한 개념은 이미 1970년대 이전에 만들어진 것이 많다. 하지만 대부분 기술적, 경제적 어려움 때문에 구체화되지 못했다. 이렇게 묵혀진 유용한 기술들이 현실적으로 가치 있게 사용될 수 있도록 하는 것 역시 지금의 컴퓨터 엔지니어들의 책임 중의 하나일 것이다.

## 노트북의 역사

1981년에는 세계 최초로 이동 가능한 컴퓨터 오스본 1(Osborne I)이 시장에 판매되었다. 하지만 화면 크기는 대각선으로 5인치 정도로 한 줄에 52개 글자밖에 출력되지 않았고, 무게도 12킬로그램 정도여서 이동성이 무척 떨어졌다. 일상적인 용도로 사용하기에는 부족했다.

이동성이 있는 실질적인 노트북의 첫 모델은 1983년 출시된 컴팩 포터블(Compaq Portable)을 들 수 있다. 데스크 탑 컴퓨터의 대명사이었던 IBM 컴퓨터와 호환이 가능하며, 4.77MHz 8088 CPU를 탑재하고 있었다. 또한 128Kb의 램, 5.25인치 플로피 드라이브, 9인치의 그린 모니터를 가지면서 IBM-PC와 비슷한 성능을 보였다. 무게드 28파운드로 재봉틀 크기만 했다.

컴팩 포터블을 만들 때는 IBM-PC의 저작권을 피하기 위해 자체 제작하는 수고를 해야 했지만, 결과는 요즘 말로 '대박' 이었다. IBM-PC에서 사용하는 소프트웨어는 모두 호환이 가능하였고, 게다가 이동이 편리했기 때문에 IBM-PC보다 우위에 섰다. 뿐만 아니라, 기존의 오스본 1보다 스크린이 커서 여느 제품들이 따라올 수 없는 압도적인 경쟁력을 지닌 모델로 자리매김했다. 실제로 1983년에 5만 3000대 이상을 판매하는 뛰어난 실적을 올렸고, 이 제품의 'Compact'한 특성을 따라 회사의 이름도 컴팩(Compaq)이라고 하였다.

우리가 현재 사용하는 대부분의 노트북은 조개가 입을 벌리듯 액정 화면을 위로 여는 형태를 취하고 있다. 이것을 처음으로 도입한 것은

그리드 시스템즈라는 회사였다. 이 회사는 1982년에 그리드 컴퍼스(Grid Compass)라는 노트북을 출시했다.

이 노트북의 케이스는 현재 최신 노트북에 사용되고 있는 것과 같이 '마그네슘' 재질을 사용하였으며, 디스플레이로는 5.5×4인치의 조그마한 액정 화면을 사용했다. 그야말로 현대 노트북의 외형과 거의 흡사한 형태를 하고 있다.

## 컴퓨터 이론의 역사

1945년 미국의 존 폰 노이만이 혁신적인 개념을 제시하였다. 그것은 프로그램을 메모리에 저장해 두고 단계적으로 중앙처리장치에서 읽어 처리하는 '저장 프로그램 기법'과 상황에 따라 수행해야 할 프로그램의 위치를 변경하는 '조건 제어 이동'이었다. 컴퓨터 프로그램이 많이 보편화되고 그 개념이 익숙해진 요즘에는 당연하게 받아들이는 개념이지만 처음 제시된 시기만 해도 혁신적인 개념이었다. 그리고 1948년에는 미국의 섀넌을 통해 소프트웨어의 기본 개념이 되는 참 거짓 기반의 이진 논리(binary logic)에 대한 이론이 정비되었다.

당시 프로그램을 개발하기 위한 언어들이 만들어지고 있었지만, 프로그램 내의 코드는 스파게티와 같이 뒤죽박죽이었고 체계를 잡지 못하고 있었다. 이때 에츠허르 데이크스트라가 프로그램 개발을 예술로

표현하며 프로그램을 체계적으로 개발할 수 있게 하는 중요한 알고리즘들을 제시했다. 가장 대표적인 것으로는 출발점에서 목적지까지의 최단 경로 결정을 위한 알고리즘이 있다.

또한 프로그래밍 언어의 대가로 존경받는 도널드 크누스는 컴퓨터 프로그래밍 알고리즘과 그 성능을 분석한 것을 정리하여 〈컴퓨터 프로그래밍의 예술〉이라는 시리즈물을 발간하였다. 1968년에 첫 권이 출판된 것을 시작으로 1969년, 1973년, 2005년에 출간하여 총 4권이 출간되었다. 이 시리즈는 컴퓨터공학의 이론 분야에서 아주 가치 있는 고전으로 여겨진다.

이론 분야에서 중요한 연구 성과에는 1960년대에 개발된 프로그래밍 언어의 기초가 되는 오토마타 이론과 형식 언어에 대한 이론들이 있다. 그리고 1971년에는 공개키에 기반한 암호화 이론을 제시한 논문

### 오토마타 이론과 형식언어 이론이란?

형식 언어는 일상 언어 또는 자연어에 비해 매우 형식적이고 정확한 표현 양식을 가진 언어를 가리킨다. 수학, 논리학, 컴퓨터학에서 사용되는 개념으로 제한된 개수와 종류의 기호 또는 문자로 이루어진 제한된 길이의 단어(문자열)들의 집합을 말한다. 이러한 형식 언어에서 정의하고 있는 문법에 따라 단어들을 입력받고 처리하는 추상적인 컴퓨터를 오토마타라 한다. 입력된 심벌에 대해 다음에 어떤 입력 심벌을 기대해야 하며 어떤 상태로 변화해야 하는가를 정의하여 모든 가능한 입력에 대해 처리하는 과정을 기술이라 한다.

# 폰 노이만의 컴퓨터 이야기

지금의 컴퓨터가 갖고 있는 메모리, 중앙연산장치, 입출력장치로 구성되는 보편적인 구조는 1945년 폰 노이만이 제안하였다. 이전의 컴퓨터는 모두 결합된 구조로서 새로운 계산을 하려면 배선을 변경해야 하는 번거로움이 있었다. 이러한 문제를 해결하기 위해 폰 노이만은 저장장치와 처리장치를 분리하였다. 프로그램은 메모리에 저장하고 계산은 중앙연산장치(제어장치와 산술논리 장치)에서 수행함으로써 새로운 계산을 하고 싶으면 메모리의 내용만 변경하면 되는 것이었다.

폰 노이만이 제시한 컴퓨터 구조는 CPU와 메모리, 그리고 입/출력기로 구성되어 있다. CPU는 제어장치(CU, control unit), 산술논리연산장치(ALU, arithmetic logic unit), 레지스터로 구성된다. 동작의 예를 들어보면, A+B를 수행하려면 CPU 내의 CU가 메모리에서 A와 B를 불러와 CPU의 레지스터에 저장하고, ALU는 A와 B를 사용하여 A+B를 계산하여 레지스터에 다시 저장하고, CU는 계산된 결과를 메인메모리에 저장한다.

상상하기 어렵겠지만, 이러한 단순한 동작들을 기반으로 지금 우리가 사용하는 모든 프로그램들이 컴퓨터에서 동작하고 있다. 즉, 현재 많은 컴퓨터들이 폰 노이만이 제시한 구조를 기반으로 움직이고 있는 것이다.

폰 노이만은 컴퓨터 분야뿐만 아니라, 경제학 분야의 게임 이론도 창시하였다. 현재 이 게임 이론은 경제뿐만 아니라 군사전략 등에도 이용하고 있다. 또한 그는 인공생명체의 가능성을 연구하여 복제의 가능성을 제시하였고, 원자폭탄 개발에도 참여하였다고 한다.

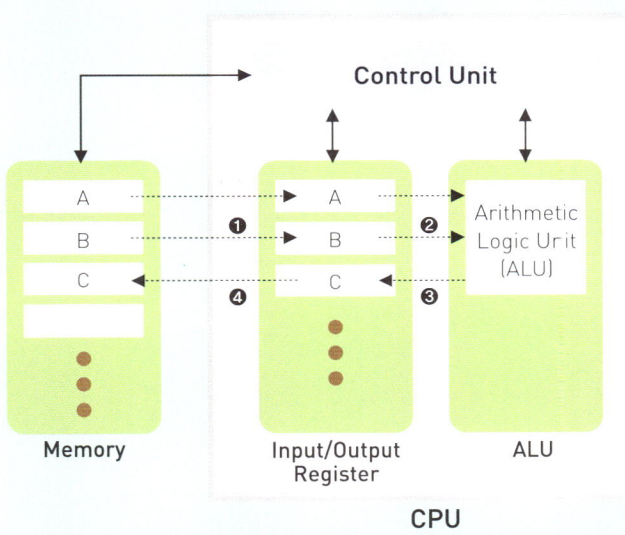

폰 노이만이 제시한 기본 컴퓨터 구조

C=A+B의 동작을 수행하는 과정

A와 B는 메모리에 저장되어 있다.

❶ 제어장치가 메모리의 A와 B를 읽어서 CPU의 레지스터에 저장한다.

❷ 제어장치가 레지스터에 저장된 A와 B를 사용하여 덧셈을 수행하라고 ALU에 명령하면, ALU는 A와 B를 읽어서 덧셈을 수행한다.

❸ ALU는 덧셈을 수행한 결과인 C(=A+B)를 레지스터에 저장한다.

❹ 제어장치는 레지스터에서 저장되어 있는 C를 메모리에 다시 저장한다.

※ 위에서 ②와 ③의 과정은 CPU의 한 클럭 동안 수행된다. 즉, CPU의 속도가 2GHz인 경우에는 ②와 ③의 과정을 1초에 20억 번 수행할 수 있음을 의미한다.

이 발표되었고, 1977년에 발명자의 이름을 딴 대표적인 암호화 알고리즘 RSA(Rivest Shamir Adleman)가 미국에서 발표되었다.

## 인공지능의 역사

인공지능(Artificial Intelligence)이라는 용어는 1956년 미국 MIT 대학의 맥카시가 처음 사용하였다. 그리고 첫 인공지능 프로그램이라 불리는 LT(Logic Theorist)가 시연되었다. 1968년 맥카시는 10년 안에 당시 체스 챔피언이었던 레비를 이기는 프로그램이 출현할 것이라 예언하였다. 그리고 1978년 레비와 체스 4.5 프로그램 사이에 게임이 이

### 게임 이론이란?

참가자들이 자신의 이익을 최대화하려는 상황에서 전략에 대해 연구하는 이론이다. 처음에는 경제적 행동을 이해하기 위한 도구로 개발하였고 이후 랜드연구소에서 핵무기 정책을 결정하는 데 사용하였다. 현재는 생물학, 심리학, 사회학, 철학에 걸친 다양한 학문 영역에서 사용하고 있다. 1970년대 초 게임 이론은 자연선택에 따라 진화를 포함한 동물의 행동에 적용하였다. 이성을 가진 이기적 존재는 모두 손해를 보게 되는 죄수의 딜레마 게임 같은 사례들 때문에 게임 이론은 정치학, 윤리학, 철학 분야에 사용되어 왔다.

게임은 경쟁자의 수에 따라 장기와 같은 2인 게임, 카드 게임 등과 같은 다수 게임으로 분류된다. 가장 많이 나타나는 게임의 형태는 2인 '제로섬게임'(zero-sum game)인데, 서로 상반되는 이해를 가지는 2인 게임은 한쪽의 이익은 상대방의 손실을 가져와 두 경쟁자의 득실을 합하면 항상 0이 된다는 것을 의미한다.

뤄졌다. 맥카시의 예언처럼 레비가 프로그램에게 한 번 패하는 기록을 남겼다.

이후 IBM에서 딥블루라는 프로그램을 개발하였고, 1996년 프로그램과 체스 챔피언의 대결이 펼쳐졌다. 하지만 당시 체스 챔피언인 카스파로프가 지고 말았다.

인공지능이라는 개념이 처음 제시되었을 때 많은 사람들이 높은 기대와 관심을 가졌다. 하지만, 당시 컴퓨터 기술이나 프로그램 기술 등이 부족한 상황이었기 때문에 기대에 부흥하지 못해 오히려 외면을 받게 되었다.

1970년대 인공지능이 쇠퇴하는 듯 보였으나 1980년대 들어 전문가 시스템으로 다시 그 관심이 높아지기 시작했고, 1980년대 중반에는 퍼지와 신경회로망 분야 연구가 활발해졌다. 그리고 1990년대 이후 지금까지는 검색엔진과 사용자를 대행하는 에이전트에 대한 연구가 활발하게 진행되고 있다.

인간의 지능은 크게 학습 능력과 의사결정 능력으로 특징지어진다. 그리고 이러한 지능은 학습을 통해 발전하게 된다. 인공지능(AI)은 이러한 인간의 지능을 인위적으로 구현한 것으로 이를 위해서는 인간의 학습과 의사결정 구조에 대한 이해가 필요하다. 인간의 학습 능력을 인위적으로 구현할 수 있는 대표적인 방법으로는 신경회로망이 있으며 인간의 의사결정 능력을 구현할 수 있는 방법으로는 퍼지 이론이 있다.

### 퍼지 이론이란?

이란 출신의 미국 수학자인 자데 교수가 1960년대에 처음으로 제안한 수학 이론이다. 자데 교수의 옆집 여인이 자기 부인보다 예쁜데, 이것을 수학적으로 표현할 방법이 없을까 하는 조금은 엉뚱한 계기에서 시작되었다. 퍼지란 말의 뜻은 원래 '애매하다', '모호하다'로서 '참', '거짓'의 단순한 이진 논리에 기반을 두고 있는 기존의 수학 이론으로는 복잡성과 애매성을 지니는 실세계를 제대로 다룰 수 없다는 점에서 퍼지 이론을 새롭게 제안하게 되었다. 기존의 이진 논리에 익숙해 있던 서양의 수학자들은 이 이론에 대해 크게 반발했지만, 평소에 애매한 사고에 익숙해 있던 동양의 학자들은 그 이론을 환영하였다. 그래서 퍼지 이론은 미국에서 생겨났지만 오히려 동양권인 일본과 우리나라에서 활발하게 연구되었다.

최근엔 이 둘을 결합하여 인간과 비슷한 학습과 의사결정을 가능케 하는 뉴로-퍼지 기법이 개발되었다. 또한 자연 진화 방식을 모방하여 신경회로망 및 퍼지 시스템을 구현하는 방법들을 연구하고 있다.

충분한 학습을 통해 경험적 지식을 보유한 인간이 복잡하고 애매한 상황에서도 합리적인 판단을 한다는 것은 매우 중요한 동작이다. 이러한 인간의 지능을 모방하는 인공지능 기법은 인간 친화적인 시스템의 자동화, 제품의 성능 향상 등 공학 분야에 적용되기 시작하였고, 병의 진단과 판정, 경영의사 결정 등의 사회과학 분야에까지 그 응용 분야가 확대되고 있다. 1984년에 국제퍼지시스템학회(IFSA)가 설립되었고 한국에서는 1990년에 '한국퍼지시스템연구회'가 설립되었다. 현

재는 '한국퍼지 및 지능시스템학회'로 발전되었으며, 산학연의 많은 분야에서 퍼지 이론을 연구, 응용하고 있다.

### 신경회로망 이론이란?

학습의 기능을 하는 사람의 두뇌는 다수의 뉴런이 서로 연결된 신경회로망으로 구성되어 있다. 신경회로망 이론은 인간을 비롯한 동물들이 지닌 뇌에 대한 연구 결과에 근거하여, 생물학적 신경망을 그래프의 형태와 수학적으로 모델링해서 인공적으로 지능을 만들어 보는 연구이다. 사람의 뇌가 경험을 통해 학습하듯이 주어진 입력에 대해 자신의 내부 구조를 스스로 조직함으로써 학습해 나가는 기능은 신경회로망 이론이 지닌 매우 독특한 특성 중의 하나이다.

## 프로그래밍 언어의 역사

컴퓨터공학의 역사는 컴퓨터의 역사와 밀접하게 관련되어 있다. 특히, 컴퓨터의 초기에는 소프트웨어와 하드웨어가 하나의 개념으로 발전하여 왔고, 1960년대 이후에서야 하드웨어와 소프트웨어가 분리되어 발전하기 시작했다. 지금에 와서는 운영체제의 발전과 더불어 하드웨어를 고려하지 않는 프로그래밍이 일반화되었다. 즉, 프로그램은 본래 하드웨어를 제어하기 위해 생겨났지만 이제는 인간 위주로 설계되어 모든 컴퓨터를 공통으로 다룰 수 있는 도구가 되었다.

1951년 그레이스 호퍼가 프로그램을 컴퓨터가 이해할 수 있는 기계어 형식으로 변환하는 '컴파일러'의 개념을 제시하였다 덕분에 개발자들은 사람이 이해하기 쉬운 프로그래밍 언어를 사용하여 프로그램을 개발하고, 이를 컴퓨터가 이해할 수 있는 기계어로 변환하여 동작시키는 체계가 가능해지게 되었다.

1957년에는 존 배커스가 산술 계산에 효율적인 포트란(FORTRAN, Formula Translation)을 개발하였다. 수많은 언어가 있었지만 가장 초기에 성공한 언어는 포트란이다. 또한 코볼(COBOL, Common Business Oriented Language)도 사무 분야에서 위세를 떨쳤다.

1958년에 존 맥카시가 인공지능을 위한 프로그래밍 언어인 LISP(List Processing)을 발명하였다. LISP은 알고리즘을 세련된 모습으로 표현하는 데에는 성공적이었으나 프로그래밍을 배우기가 어렵다는 단점이 있었다.

1950년대 말, 미국에서는 포트란, 코볼 등의 언어가 대세를 이루고 있었다. 이즈음 유럽을 중심으로 알고리즘 연구 개발용 프로그래밍 언어인 알골(ALGOL, Algorithmic Language)이 만들어졌다. 정확히 얘기하자면, 알골은 알골 58, 알골 60 등의 여러 알골계 언어의 총칭으로 알골이라는 이름의 프로그래밍 언어는 존재하지 않는다. 1958년에 등장한 알골 58은 포트란의 영향을 많이 받았다. 실질적으로 현대적인

언어라고 볼 수 있는 것은 알골 60부터이다. 비록 알골 자체는 널리 쓰이지 않았지만 알골은 수많은 컴퓨터 언어에서 '알골과 유사(ALGOL-like)하다'는 말을 들을 정도로 많은 영향을 끼친 언어이다.

1964년에 존 케메니와 토머스 카트가 BASIC(Beginner's All-purpose Symbolic Instruction Code)을 발명하였다. 교육용으로 개발된 것으로 언어의 문법이 쉽다. 초기에는 명령문을 한 줄 한 줄 읽어서 단계적으로 컴퓨터가 이해할 수 있도록 변환하는 인터프리터 방식이 많았으나 최근에는 프로그램 전체를 한꺼번에 컴퓨터가 이해할 수 있도록 변환

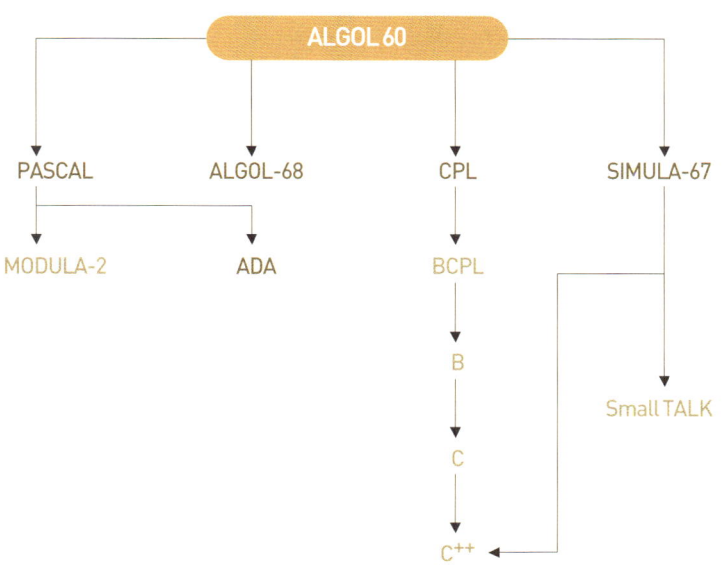

블록 구조 언어의 발전 역사

하는 컴파일러 방식의 것들도 많이 만들어졌다. 현재는 퀵 베이직(Quick BASIC), 큐 베이직(Q Basic), 비주얼 베이직(Visual BASIC), 코모도어 베이직(Commodore Basic), 터보 베이직(Turbo-BASIC), MSX 베이직(MSX BASIC) 등 다양한 종류가 있다. 서로 문법에서 많은 차이를 갖고 있으며 서로 다른 컴파일러 사이의 프로그램 코드는 호환되지 않는다.

1968년에는 프로그래밍 언어 교육을 위한 파스칼(PASCAL)이 만들어졌다. 니클라우스 비르트가 알골 60의 후속편을 연구하다가 개발한 것이 바로 파스칼이다. 비르트는 알골 60을 좀 더 보기 좋고 실용적으로 개편하여 교육용으로 더욱 적합하고 적은 비용으로 쉽게 구현할 수 있는 표준적인 언어를 개발하고자 하였다. 그렇게 만들어진 파스칼은 문법이 엄격하고 다소 융통성이 떨어진다는 단점은 있지만 가르치고 배우는 데 좋은 언어로 인정받았다.

## 객체지향 프로그래밍이란?

객체지향 프로그래밍은, 컴퓨터 프로그램을 작성하는 데 있어 수행해야 할 명령어들을 순차적으로 나열하는 기존의 프로그래밍 방식에서 보았을 때 과히 혁신적인 프로그래밍 기법이라 할 수 있다. 명령어들을 나열하는 대신, 명령을 수행하거나 명령의 대상이 되는 객체들의 속성과 기능을 나열하고 이들 간의 관계를 기술하는 방식으로 프로그램을 작성한다. 현실 세상에서 사람들이 상호 작용하는 것을 모델링했다는 점에서 직관적으로 이해하기 쉽고, 프로그램을 수정하거나 변경하는 데 있어 훨씬 융통성이 많다.

1972년에 미국 벨 연구소의 켄 톰프슨과 데니스 리치가 C 언어를 발명하였다. 이 언어는 오늘날까지도 광범위한 프로그램 개발 언어로 사용하고 있다. C는 알골 68이나 파스칼과 같은 알골과 유사한 언어들과는 다른 계

보를 따라 탄생하였다. C는 고급 언어이면서도 비트나 바이트, 그리고 메모리 주소(address)를 처리할 수 있다. 또한 유닉스와 더불어 많이 퍼졌기 때문에 다른 컴퓨터와 프로그램 호환성이 매우 뛰어나다. 그리고 파스칼과 더불어 대표적으로 구조화된 언어로 손꼽힌다. 무엇보다 가장 눈에 띄는 특징은 같은 기능을 구현함에 있어서, 프로그램 코드 길이가 다른 언어에 비해 짧다는 것이다. 물론, 이런 이유로 인해서 프로그램 분석이 매우 어려워지기도 한다.

1983년에는 기존의 구조적이고 절차적인 프로그램 방식을 뒤엎는 객체지향 프로그래밍 기법이 제시되었고, 이를 지원하는 프로그래밍 언어로 C++가 개발되었다.

1990년대 중반에는 역시 객체지향 프로그래밍 기법을 지원하면서 범기계적으로 사용이 가능한 자바 언어가 미국 선(Sun)사에서 개발되었다. 그 이후로 닷넷, 비주얼 베이직, C#, 파이썬(Python), Tcl/Tk 등이 개발돼 2008년 현재 사용 가능한 프로그래밍 언어는 수백여 개에 이르고 있다.

## 미션! Hello World 출력하기

화면에 'Hello World!'를 출력하기 위해서는 어떻게 해야 할까? 동일한 기능을 수행하는 프로그램을 서로 다른 프로그래밍 언어를 사용하여 작성해 보았다. 포트란과 코볼을 제외한 알골, 파스칼, C는 사소한 차이를 제외하고는 'Begin'과 'end'로 마무리되는 구조화된 프로그램의 특성을 보여주고 있다. C++는 C에 객체지향 프로그래밍 개념을 추가적으로 도입한 언어로서 C와 큰 차이가 없다. 자바(Java)에 와서야 비로소 객체지향 프로그래밍 언어의 특징적인 키워드인 'class'가 자연스럽게 활용되고 있음을 볼 수 있다.

● **포트란**

```
PROGRAM HELLO
        WRITE (*,100)
        STOP
100 FORMAT ( 'Hello World!' /)
        END
```

● **코볼**

```
*****************************
IDENTIFICATION DIVISION.
PROGRAM-ID. HELLO.
ENVIRONMENT DIVISION.
DATA DIVISION.
PROCEDURE DIVISION.
```

MAIN SECTION.
DISPLAY "Hello World!"
STOP RUN.
***************************

● 알골

```
BEGIN
FILE F (KIND=REMOTE);
EBCDIC ARRAY E [0:11];
REPLACE E BY "HELLO WORLD!" ;
WHILE TRUE DO
    BEGIN
    WRITE (F, *, E);
    END;
END.
```

● 파스칼

```
program HelloWorld(output);
begin
    writeln( 'Hello, World!' )
end.
```

● C

```
#include <stdio.h>
int main(void)
{
    printf("Hello, World!");
    return 0;
}
```

● **C++**

```cpp
#include <iostream.h>
main()
{
    cout << "Hello World!";
}
```

● **Java**

```java
class HelloWorld {
  static public void main( String args[] ) {
    System.out.println( "Hello World!" );
  }
}
```

## 인터넷의 역사

1960년대는 인터넷의 기반이 된 기초 기술과 개념이 다듬어지는 시기였다. 1960년대 말부터 1970년대에 걸쳐 미국, 영국 등을 중심으로 자국 내의 컴퓨터 네트워크를 구성하는 노력이 진행되었다. 특히, 1957년 러시아가 인류 최초로 스푸트니크(sputnik) 인공위성을 발사하는 데 성공하면서 우주 개발의 선두를 빼앗기게 되자 미국은 과학기술에 대한 인식이 변하게 되었다. 미국은 전쟁 중에 통신선로가 파괴되었을 때 정보를 공유할 수 있도록 미국 서부 4개 대학을 연결하는 ARPANET(Advanced Research Projects Agency network)을 만들었다. 우리나라에서도 1982년 5월 15일에 국내 인터넷의 시초가 되는 SDN이 개통되었다. 서울대학교 컴퓨터공학과의 중형 컴퓨터와 구미의 전자기술연구소(현 한국전자통신연구원)의 중형 컴퓨터가 초당 1,200비트를 전달하는 속도로 연결되었으며, 1983년 1월 한국과학기술원

(KAIST)의 중형 컴퓨터가 SDN에 연결됨으로써 통신망으로서의 구색을 갖추게 되었고, 국내 인터넷의 시초가 되었다.

1990년에 미국과학재단(NSF, National Science Foundation)이 5대 슈퍼컴퓨터 센터들을 연결하여 구축한 NSFNET이 인터넷의 기반을 이루면서 인터넷은 학술연구용으로 발전하였다. 또한 1991년에 상용 인터넷협회가 설립되어 기업과 개인이 비즈니스에서 인터넷을 이용하는 것이 가능하게 되면서 현재와 같은 대발전을 이루게 되었다.

인터넷에서 사용되는 응용 프로그램의 발전을 보자면, 초기에는 이메일, 파일전송(ftp), 뉴스그룹(Newsgroup) 등으로 학자와 전문인들이 사용하는 수준이었다. 1991년 유럽의 핵연구소인 CERN(European Organization for Nuclear Research)에서 월드와이드웹 서비스가 개발되어 일반인들도 쉽게 멀티미디어 정보를 제공하고 사용할 수 있게 되면서 인터넷은 폭발적인 성장을 이루게 된 것이다.

전자우편 프로그램은 1972년에 처음 만들어졌으며, 메신저의 초기 형태라 할 수 있는 대화 프로그램인 IRC는 1988년에 처음 시작되었다. 인터넷에 흩어져 있는 자료들에 대한 링크를 제공해 주는 서비스인 고퍼(Gopher)가 1991년에 시작되었고, 지금의 검색엔진의 초기 형태라 할 수 있는 WAIS가 역시 1991년에 시작되었다.

그리고 우리에게 너무나 친숙한 웹 서비스 역시 1991년에 시작되었다. 그러나 고퍼, WAIS, 웹 모두 그래픽 사용자 인터페이스를 제공하지 못하고 있었다. 그런 점에서 초기에는 웹보다는 고퍼가 조작하기

쉽고 화면에 표현하기가 쉬워서 더 널리 사용되었다.

1993년 미국 NCSA의 마크 앤드리슨이 아이콘, 북마크, 매력적인 인터페이스, 그림 등을 제공하는 모자이크(Mosaic)를 개발하면서 드디어 웹이 인터넷의 대표적인 서비스로 자리매김하게 되었다. 특히, 무료로 프로그램을 공개하면서 발표된 지 1년 만에 전 세계적으로 수백만 사용자를 갖게 되었다. 물론 모자이크 외에도 Cello, ViolaWWW 등 다양한 프로그램들이 개발되었다. 하지만, 이들은 체계적으로 개발되지 못해서 기능상에 한계가 많았고, 무엇보다도 안정적이지 못했다. 이에 반해 모자이크는 여러 사람들이 체계적으로 역할을 나누어 개발하고 관리하는 효율적인 팀워크를 발휘해 여느 프로그램들을 제치고 우월적인 위치를 차지하게 되었다.

모자이크 덕분에 웹을 기반으로 하는 다양하고 더욱 향상된 서비스가 개발되었다. 1994년 'Yahoo!'에서 검색 서비스를 시작했고, 1995년에 인터넷 서점인 'Amazon.com'이 시작되었다. 이 외에도 신문, 백화점 등 온라인과 오프라인을 모두 활용하는 상업 활동이 왕성하게 활성화되기 시작했다.

# 즐겨찾기! 유용한 사이트

컴퓨터공학에 관심이 있다면 자신의 컴퓨터에 다음의 사이트를 '즐겨찾기' 해 놓고, 자주 방문해 보자. 유용한 정보들을 얻을 수 있을 것이다. 지금까지 살펴본 컴퓨터 기술의 역사를 이야기하기 위해 다음의 사이트들을 참고하기도 했다.

### 1. 윈도우즈 역사
1) 김기태, 초보탈출 윈도우세상, http://my.dreamwiz.com/bicter/
2) Microsoft, Windows History, http://www.microsoft.com/windows/WinHistoryDesktop.mspx

### 2. 유닉스 역사
1) Alcatel-Lucent, The Creation of the UNIX* Operating System, http://www.bell-labs.com/history/unix/
2) The Open Group, history and timeline, http://www.unix.org/what_is_unix/history_timeline.html

### 3. Mac OS 역사
Apple-history.com, Previous Changes, http://www.apple-history.com/

### 4. 노트북 역사
1) Old computers - rare, vintage, obsolete computers, http://old

computers.net

2) OLD-COMPUTERS.COM, http://www.old-computers.com/ museum

## 5. 인공지능의 역사

1) 박종진, 제1장 서론 : 퍼지 이론이란?, http://www.pjj21.pe.kr/ hap1.htm

2) AAAI, Brief History of Artificial Intelligence, http://www.aaai. org/AITopics/bbhist.html

## 6. 프로그래밍 언어의 역사

한국과학문화재단, 정보사회와 소프트웨어, http://seis.scienceall.com/ book_file/ke25/ke025-149.htm

## 7. 인터넷 역사

1) Internet Society, A Brief History of the Internet, http://www. isoc.org/internet/history/brief.shtml

2) 인터넷 역사 프로젝트, 한국 인터넷 약사, http://www.internethistory. or.kr/briefhistory/brief.htm

## 8. 기타 자료

위키백과, http://www.wikipedia.org/

# 우리 생활 속에 있는 컴퓨터공학

1990년대 초반까지만 해도 컴퓨터를 사용하는 직업이 따로 있었지만 이제는 컴퓨터를 사용하지 않는 직업이 거의 없다. 그리고 많은 자료를 인터넷 검색을 통해 획득하고 있다. 심지어 친구들을 사귀는 것도 인터넷을 사용해 대화를 하거나 메일 등을 주고받으며 이루어진다. 또한 자기 자신을 표현하는 창구로서 컴퓨터와 인터넷을 주로 사용하고 있다.

이런 추세는 여러 가지 긍정적인 효과를 낳는다. 기존에는 일반인들이 수동적인 입장에서 방송과 뉴스를 보고 소비하는 역할만 했지만, 이제는 각자가 웹, UCC, 블로그, 카페 등을 통해서 자신만의 방송과 뉴스를 만들어서 다른 사람들에게 제공할 수 있다. 즉, 개개인이 갖고 있는 창조적인 역량을 자유롭게 발휘할 수 있는 기회가 열린 것이다. 특히, 신체적인 장애가 있으면 자신을 표현하거나 자신의 능력을 발휘하기가 어렵고 다른 사람들을 접하기도 힘들었다. 하지만, 컴퓨터

와 인터넷을 통해 이런 장애를 극복할 수 있는 기회를 얻게 되었다.

요즘에는 가족들이 곳곳에 흩어져 살고 있다. 심지어는 여러 국가에 흩어져 살고 있는 경우도 많다. 이렇게 멀리 흩어져 있는 가족들이 한 자리에 모이기는 쉽지 않다. 그런 까닭에 서로 소원해지기 쉽지만, 컴퓨터와 인터넷 덕분에 이런 걱정은 필요 없게 되었다. 영상 전화, 메신저, 카페 등을 통해서 서로의 지역적인 거리와 상관없이 소식을 전하고 접할 수 있으니 말이다.

쇼핑이나 주식 거래, 은행 거래 등도 컴퓨터와 인터넷 덕분에 더욱 편리하게 할 수 있게 되었다. 직접 은행에 가거나 물건을 사러가는 데 드는 이동시간과 비용을 절약할 수 있다는 점에서 큰 이익을 가져왔다고 할 수 있다.

## 좋은 약도 잘못 쓰면 독!

우리에게 무한한 편리함을 주는 컴퓨터이지만 이를 바르게 사용하지 않는다면, 좋지 않은 사회 영향을 가져올 수도 있다. 대표적인 예가 '악플'이다. 사이버 공간에서는 자신을 드러내지 않을 수 있어서 현실 공간에서는 감히 할 수 없는 표현들을 마구 사용하는 모습을 흔히 본다. 이러한 경우는 상대방에게 정신적으로 매우 큰 피해를 입힌다.

또한 모든 다양한 인간관계를 컴퓨터와 인터넷으로만 하다 보니 자신만의 공간에 갇혀서 실제 사람을 만나는 것을 기피하는 '폐인'들이 생기고 있다. '폐인'이라는 표현을 농담처럼 가볍게 사용하는 경우도 있지만 이것 역시 진지하게 고민해 봐야 할 문제이다.

검색엔진의 발달과 개인정보 제공 서비스 등으로 인해 정보를 얻는 일이 쉬워진 데에도 문제점은 발생한다. 요즘에는 사전이나 책을 통해 정보를 찾는 대신 인터넷 검색을 통해 정보를 얻는다. 하지만 인터넷에서 획득되는 정보에 대한 검증이 제대로 이루어지지 않는다는 것이 문제이다. 잘못된 정보가 계속해서 전파되어 진실이나 사실을 왜곡하는 일이 발생하고 있다.

컴퓨터와 인터넷을 사용해서 가족 간에, 친구들 간에, 그리고, 선생님과 학생 간에 서로 연락하는 것이 가능해진 반면, 아직 컴퓨터나 인터넷을 사용할 능력을 갖지 못한 세대와 빈곤 계층은 오히려 심한 위화감과 소외감을 겪게 되는 문제 상황도 발생한다.

더욱 중요한 문제 상황은, 모든 서비스가 컴퓨터를 통해 이루어지

고 인터넷을 통해 연계되면서 컴퓨터 소프트웨어의 사소한 버그 혹은 바이러스가 전체 서비스를 중단시키거나 오동작하게 하는 심각한 피해를 불러일으킬 수 있다는 것이다. 2003년 1월 25일에 있었던 인터넷 대란도 그 근본 원인을 살펴보면 우리나라의 핵심 도메인 네임 서버에 침입한 바이러스 때문이었다. 바이러스가 서버를 오동작시켜 국내 인터넷이 마비되는 사태로까지 확산된 것이다.

이처럼 컴퓨터가 가져다주는 부정적인 영향들도 존재하고 있다. 하지만, 이러한 원인들은 결국 인간을 편리하게 해주는 컴퓨터를 인간 스스로 잘못 사용하고 있기 때문에 발생하고 있는 폐해들이다. 아무리 좋은 약도 잘못 쓰면 독이 되는 법! 올바른 인터넷 문화를 익히는 것이 중요하다.

# 찾아라! 생활 속 컴퓨터

## 1. 24시간 편의점의 성공 비결

지하철역 주변이나 학교 앞과 같이 사람들이 많이 지나다니는 곳에는 어김없이 24시간 편의점이 있다.

24시간 편의점은 좋은 위치에 있는 만큼 상가 임대료가 매우 비싸 매장과 창고 공간을 최소한으로 줄이는 것이 중요하다. 하지만 막상 매장에 가면 진열되어 있는 물건들의 종류는 꽤 다양하고 많은 편이다. 지난 월드컵 축구 경기가 있던 날, 거리응원이 펼쳐진 광화문 주변의 한 편의점에서는 하루에 생수가 무려 2,500개나 팔렸다고 한다. 과연 좁은 매장 어디에 그토록 많은 생수를 쌓아놓을 수 있었을까? 그 비밀의 해답은 정보통신기술을 이용한 유통 정보 시스템이었다.

편의점에서 물건을 구입하면 판매 직원은 제품 포장에 인쇄된 바코드를 기계로 읽은 다음, 물건값을 계산한다. 이렇게 입력된 판매 정보를 이용하면 현재 매장에 재고가 얼마나 남아있는지 정확하게 파악할 수 있으며, 만일 추가로 물건이 필요하다면 자동으로 주문할 수 있다.

이러한 정보는 인터넷을 통해 본사의 컴퓨터에 전달되어 현재 각 매장별로 판매 현황을 파악할 수 있게 해주는 동시에, 만일 재고가 부족할 것으로 예상되면 즉시 물류 창고에 연락하여 물건을 배달하도록 연락해 준다. 덕분에 그 매장에서는 하루에도 몇 번씩 물건을 배달받아, 그렇게 많은 생수를 팔 수 있었던 것이다.

## 2. 자동차 개발과 슈퍼컴퓨터

프로그래머가 자신이 작성한 프로그램을 컴퓨터에 실행시켜 보는 것은 과학자가

실험실에서 직접 실험을 하는 것과 같다. 예를 들어 새로 개발한 자동차가 얼마나 안전한지 알아보기 위해서는 수십 대의 자동차를 제작하여 각종 충돌실험을 실시하여, 차 안에 설치한 더미 인형의 손상 정도를 살펴보는 실험이 여러 번 반복되어야 한다. 매번 실험이 끝날 때마다 갖고 싶을 만큼 탐나는 새 차가 순식간에 고철로 변하는 모습을 보면 얼마나 안타까울지 상상해 보아라.

슈퍼컴퓨터를 사용하면서 멀쩡한 새 차를 굳이 망가뜨리지 않아도 얼마든지 차량 충돌 모의실험을 할 수 있게 되었다. 컴퓨터에서는 아무리 실험을 반복해도 더 이상 새 차가 망가질 일이 없고, 너무 세게 충돌하면 컴퓨터가 고장 날까 봐 걱정할 필요도 없다. 국내 어느 자동차 회사에서는 자동차 충돌 모의실험을 통해 신차 개발기간을 1년 단축함으로써, 약 1,000억 원의 예산을 줄일 수 있었다고 한다. 이와 같이 컴퓨터를 이용한 모의실험을 실시하기 위해서는 모든 상황이 실제로 일어나는 것처럼 완벽하게 재현될 수 있도록 잘 설계된 모의실험 프로그램을 만들 수 있어야 한다.

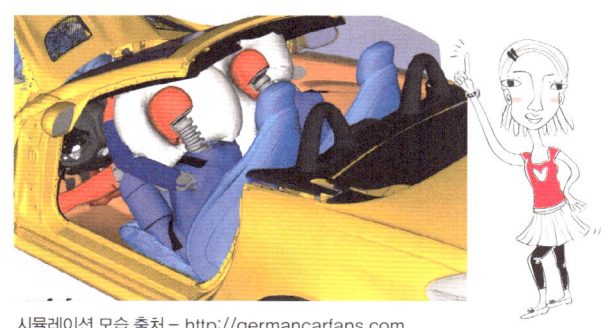

시뮬레이션 모습 출처 – http://germancarfans.com

### 3. 1인 2역의 주인공 – 멀티 부팅

한 대의 PC로 윈도우도 사용하고 리눅스도 사용할 수는 없을까? 대학에서 학생들이 실습을 하기 위해서는 컴퓨터가 필요하다. 어떤 과목에서는 윈도우가 설치된 PC를 사용하는 반면에, 다른 과목에서는 리눅스가 설치된 PC를 사용해야만 한다. 결국 과목별로 각각 실습실을 만들려면, 학생 수의 2배만큼의 PC를 구입해야 하고 공간도 2배로 늘어나게 된다.

멀티 부팅이란 하나의 컴퓨터시스템에 2개 이상, 또는 다수의 운영체제를 설치해서 사용하는 것을 말한다. 멀티 부팅을 지원하는 시스템 소프트웨어를 사용

**멀티 부팅 소프트웨어 화면**

하면 여러분도 하나의 PC로 서로 다른 두 가지 컴퓨터시스템을 경험할 수 있다. 하지만 멀티 부팅을 지원한다고 해서 2개의 운영체제를 동시에 실행시킬 수는 없다. 예를 들어 자동차 한 대에 2명의 운전사가 함께 타고 있다고 하더라도, 핸들이 한 개밖에 없기 때문에 나머지 한 사람은 운전을 할 수 없는 것과 같다. 시스템 소프트웨어만 하나 추가한 것뿐인데 결과적으로 실습실을 만들기 위한 PC 구입 비용은 물론 실습실 공간도 절반으로 줄일 수 있게 되었다.

## 4. 자동차 내비게이션의 진화

미국에서 주소만 입력하면 어느 곳이라도 쉽게 찾아갈 수 있을 만큼 세밀한 지도를 원한다면 아마도 최소한 몇 박스 분량의 지도 책자를 자동차 트렁크에 싣고 다녀야 할 것이다. 하지만 CD 한 장 분량의 전자지도를 노트북 컴퓨터에 설치하면 누구나 쉽고 편리하게 지도를 찾아볼 수 있다.

전자지도와 함께 위성항법장치(GPS)을 널리 사용하면서 길안내 서비스를 목적으로 탄생한 것이 요즘 차 안에서 흔히 볼 수 있는 내비게이션 라는 제품이다. 그러다가 CPU의 성능이 향상되고 화면 크기와 메모리의 용량이 커지면서, 전자 액자, 차계부 관리, 노래방 등과 같은 부가 기능이 추가되었다. 최근에는 지상파 디지털 멀티미디어 방송(DMB)을 이용하여 실시간으로 교통정보 제공 서비스까지 지원하면서 단순히 길안내 수준이 아니라 도로의 교통흐름 상태까지도 알려주는 단계까지 발전하게 되었다.

달리는 차 안에서 사용하니까 이동 통신 기능이 필요하고, 전파를 이용하니까 무선 통신기술이 필요하고, 위성항법장치를 사용하니까 위성 통신기술도 필요하다. 게다가 지상파 DMB 방송을 수신하기 위한 기능까지 갖추어야 한다. 가까운 미래에는 무선 인터넷이나 양방향 통신 서비스까지도 제공하는 내비게이션이 등장할 것으로 기대된다. 내비게이션은 더 이상 단순히 길안내를 위한 장치가 아니라, 다양한 방송기술과 통신기술이 결합된 첨단기술의 집합체로서 어떻게 진화할 것인지 기대된다.

## 5. 컴퓨터 게임과 멀티미디어

컴퓨터 게임의 역사는 컴퓨터가 처음 세상에 등장했을 때부터 시작되었다. 당시에는 컴퓨터 게임을 전자오락이라고 불렀으며, 컴퓨터가 가정에 보급되기도 전에 전자오락기(동전을 받아 처리하는 것을 제외하면 실제 컴퓨터와 동일한 기능을 가지고 있음)가 동네 골목마다 순식간에 유행처럼 생겨났다. 그 후로 닌텐도라는 휴대형 게임기가 한동안 세계 시장을 휩쓸고 난 뒤, 각 가정마다 컴퓨터와 인터넷이 보급되기

게임기 Xbox 360

시작하면서 오늘날과 같은 컴퓨터 게임의 전성시대를 맞이하고 있는 것이다. 컴퓨터의 성능이 향상될수록 게임기의 성능도 함께 높아진다. 게임기가 DVD 수준의 영상과 소리를 제공할 만큼 성능이 크게 향상되면서 새로운 현상이 나타나기 시작했다. 예를 들어 PS3나 Xbox 360과 같은 게임기는 DVD 플레이어 기능을 함께 제공하고 있다. 즉, 아이들은 게임을 즐기기 위해 게임기로 사용하고, 어른들은 영화를 감상하기 위해 DVD 플레이어로 사용함으로써 온 가족이 함께 거실에 모여 멀티미디어를 즐기는 디지털 세상을 만들어 가고 있는 것이다. 이제 컴퓨터에 게임 소프트웨어를 설치하여 사용하는 것과 게임기를 사용하는 것은 서로 비교할 수 없는 상황이다. 게임기는 이제 하나의 임베디드 시스템으로 거듭 태어나, 사람들의 사는 모습을 변화시키면서 새로운 시장을 만들어 가고 있다.

## 6. 창과 방패의 싸움

요즘에는 은행을 직접 방문하는 일이 많지 않다. 거의 대부분의 사람들이 인터넷

이나 전화는 물론 TV를 이용해 은행 업무를 처리할 수 있기 때문이다. 이와 같이 정보통신기술이 발전하면 여러 가지 편리한 점도 있지만, 정보보호 관점에서 안전을 생각해 보면 아직도 해결해야 할 문제들이 많이 남아있다.

현재 은행에서 가장 널리 사용하는 보안기술은 보안 카드를 이용하는 것이다. 보안 카드란 명함 크기 정도의 플라스틱 카드에 수십 개의 비밀번호를 인쇄한 것으로서, 신분 확인과 별도로 돈을 찾거나 송금하는 경우에 추가로 비밀번호를 입력해 확인하는 것이다. 하지만 해커의 공격을 감안하면 보안 카드만으로는 안전을 100% 보장할 수 없다. 게다가 보안 카드는 복사나 메모가 가능하여 쉽게 비밀번호가 남에게 노출될 수 있다는 근본적인 문제점이 있다.

휴대전화가 널리 보급되면서 은행계좌에 변동이 생기면 즉시 지정된 휴대전화로 문자메시지를 보내주는 보안 SMS 서비스가 등장하게 되었다. 이러한 서비스는 해커의 공격에 대하여 어떠한 방어 기능도 제공하지는 않지만, 만일의 경우에 대비하여 사고가 발생하면 즉시 본인이 알 수 있다는 점에서 보안기술의 하나로 채택된 것이다. 최근에는 기존의 보안 카드 대신에 한 번 사용하면 다시 재사용할 수 없는 일회용 비밀번호(OTP)를 만들어 주는 단말기를 사용함으로써 보안을 한층 더 강화하고 있다. 이와 같이 해커의 공격에 대한 방어는 창과 방패의 싸움처럼 기술 발전과 더불어 끝없이 이어질 것이다.

# 컴퓨터공학과 수업은 어떤 방식으로 이뤄질까?

# 컴퓨터공학과 안내서를 보자

음악회나 전시회에 가면 프로그램 안내 책자를 받는다. 프로그램 안내 책자에는 음악회에서 연주하는 음악들의 내용과 순서가 적혀 있고, 음악들에 대한 일반적인 지식도 간단하게 소개되어 있다. 전시회에서 주는 프로그램 역시 마찬가지다. 전시되어 있는 작품의 목록, 위치와 작품들에 대한 간단한 소개가 담겨있다.

프로그램 안내 책자를 먼저 보고 음악회나 전시회에 참여하면 더욱 이해하기 쉽고 그만큼 더한 감동을 얻을 수 있다.

대학에서 강의를 듣는 것도 마찬가지다. 대학에 입학한 신입생에게 제일 먼저 교육과정 혹은 영어로 커리큘럼(curriculum)이란 것을 소개한다. 이것이 바로 전시회에서 프로그램 안내 책자를 주는 것과 같다. 학과의 교육과정을 보면 앞으로 무슨 과목을 배우게 될지 자세히 알 수 있다. 요즘은 모든 대학들이 홈페이지를 통해 각 전공별로 교육과정과 그에 따른 교과목 정보까지 자세하게 공개하고 있다. 이곳을 통

컴퓨터공학과 수업은
어떤 방식으로 이뤄질까?

해 미리 교육과정을 알 수 있다. 적어도 대학과 전공을 선택하기 전에 관심 있는 대학이나 전공 학과의 사이트를 한 번쯤 방문해 보길 바란다.

대부분의 대학은 교육과정을 크게 교양과 전공의 두 가지로 구분한다.

우리나라의 경우 초등학교 1학년부터 고등학교 1학년까지 10년간을 소위 국민공통 교육과정이라 부르며, 이에 따라 모든 학교는 학생들에게 정해진 과목과 과목별 학습내용을 반드시 교육해야 한다. 고등학교 2, 3학년에서는 필수과목 이외에 학교마다 혹은 학생마다 일부 과목을 선택할 수 있으나, 과목별로 배우는 내용과 범위 또한 교육과정에 따라 정하여 있다.

이와 달리 대학에서는 저마다 특성을 살려 다양한 교육과정을 만들어 학생을 교육한다. 학문의 자유를 보장하는 대신에, 선의의 경쟁을 통해 더욱 학문을 발전시켜야 하기 때문이다. 대부분의 대학은 교육과정을 크게 교양과 전공의 두 가지로 구분한다.

교양이란 모든 학생들을 대상으로 하는 사회가 요구하는 일반적인 지식과 능력을 갖추기 위한 과목들을 의미한다. 교양은 크게 전문교양과 기초과목으로 구분된다. 전문교양의 대표적인 교과목으로는 국어, 영어, 제2외국어, 작문, 영어회화, 컴퓨터 활용 등과 같이 사회생활에 필요한 업무처리 능력을 개발하기 위한 것과 언어와 현대문화, 기업과 사회, 과학기술과 법 등의 인문과학이나 사회과학과 같이 다른 학문 분야에서 사회인으로서 필요한 최소한의 기본 지식을 갖추기 위한 것으로 나누어 볼 수 있다.

기초과목은 과학자나 엔지니어가 되기 위한 필수 소양으로서 수학, 물리학, 화학, 생물학, 지구과학, 전산학 등과 같은 과목들이 대표적이며, 전공 분야에 따라 각자 필요한 기초과목들을 지정하고 있다. 예를 들어 의학이나 약학은 생물학과 화학을 중시하는 반면에, 컴퓨터공학에서는 물리학과 생물학을 중시하는 경향이 있다. 전공에 관계없이 대부분의 공학에서는 미적분학(Calculus)과 수학을 공학에 응용한다는 의미의 공업수학(Engineering Mathematics)을 기초과목으로 지정하고 있으며, 간혹 일부 전공 분야에서는 전공 특성상 특별히 필요한 수학을 세분화하여 기초과목으로 지정하고 있다. 예를 들어 컴퓨터공학은 공업수학 대신에 좀 더 세분하여 이산구조, 선형대수, 확률통계 등과 같은 과목을 별도로 제시하는 경우가 많다.

전공이란 말 그대로 해당 전공의 전문가가 되기 위해 필요한 과목들을 말하며, 졸업하기 위해 의무적으로 반드시 배워야 하는 전공필수와 자신의 진로와 적성을 고려해 선택할 수 있는 전공선택으로 나누어진다.

자, 그렇다면 컴퓨터공학과의 교육과정은 어떻게 이뤄질까? 각 대학마다 조금씩 다르지만 입학에서 졸업까지 일반적으로 적용되는 수업

컴퓨터공학과 수업은
어떤 방식으로 이뤄질까?

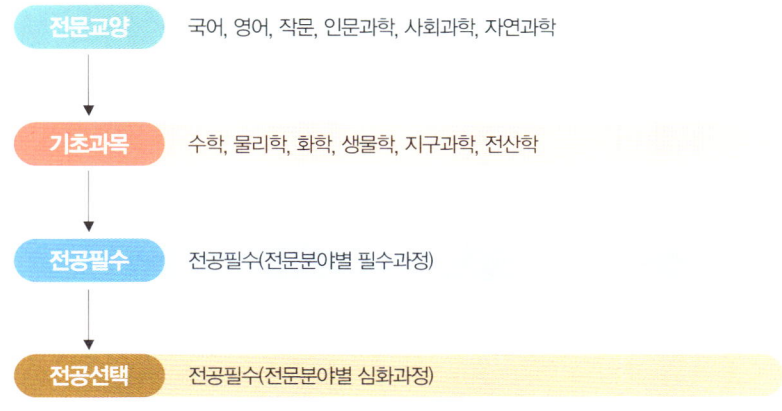

**전문교양**　　국어, 영어, 작문, 인문과학, 사회과학, 자연과학

**기초과목**　　수학, 물리학, 화학, 생물학, 지구과학, 전산학

**전공필수**　　전공필수(전문분야별 필수과정)

**전공선택**　　전공필수(전문분야별 심화과정)

**교육과정**

내용은 다음과 같다.

대개 1학년 때는 국어, 영어, 작문 등과 같은 전문교양 과목과 물리학, 화학 등과 같은 기초과목들을 이수하게 된다. 그리고 컴퓨터공학에 입문하기 위한 과목들을 이수하게 되는데, 이때 '컴퓨터공학개론'과 같은 컴퓨터공학의 전반적이고 기초가 되는 내용을 주제로 하는 과목을 수강하게 된다. 컴퓨터공학에 대한 본격적인 첫걸음을 내딛게 되는 것이다.

2학년 때부터는 본격적으로 전공과목들을 이수하게 된다. 전공과목들은 전공필수와 전공선택으로 구분되는데, 전공선택 과목들은 전공필수 과목들을 반드시 이수하여야 수강할 수 있는 경우가 많다. 따라서 2학년 때는 전공필수 과목들을 위주로 수강하게 되고, 3학년 이후부터 전공선택 과목들을 수강한다.

전공선택 과목들은 각 전문 분야별 심화된 내용들을 배우는 것이다. 대체적으로 전공필수는 반드시 수강해야 하는 과목들이지만, 전공선택 과목들은 졸업 때까지 채워야 할 학점에 맞춰 말 그대로 선택적으로 수강할 수 있다. 즉, 모든 전문 분야의 과목들을 골고루 수강하여, 컴퓨터공학의 전반적인 기반 지식을 갖추거나 자신이 관심 있는 전문 분야의 과목들을 더 많이 배워 해당 분야의 기반 지식을 심화할 수도 있다.

컴퓨터공학과 수업은
어떤 방식으로 이뤄질까?

## 교육과정이란 무엇일까?

대학에서는 학과 혹은 전공 단위로 개성 있고 특색 있는 교육과정을 제시하고 있다. 한 학생이 입학해서 졸업할 때까지 무슨 과목을 이수해야 하는지 대학에서 제공하는 교과목들을 나열하고, 각 교과목마다 어떤 내용을 학습할 것인지 수업계획서를 통해 상세하게 알 수 있다. 명칭이 동일한 학과라도 대학마다 교육과정이 서로 다를 수 있으며, 교육과정이 다르면 실제 배우는 과목들도 경우에 따라서는 상당히 차이가 있으므로 입학 전 원하는 대학의 홈페이지를 통해 교육과정을 미리 살펴보고 자신에게 맞는 커리큘럼을 갖춘 대학의 학과에 지원하는 것이 좋다.

# 이론 중심의 강의실 수업

컴퓨터공학과에서의 수업은 이론과 실제를 모두 겸비하도록 하는 데에 초점이 맞추어져 있다. 과목의 특징이 이론 중심인 경우에는 고등학교에서처럼 교수님이 이론을 전달하는 방식으로 수업이 진행된다.

강의실에서 이뤄지는 이론 중심의 수업은 전통적인 수업방식으로 과목의 특성에 따라 칠판을 사용하여 필기를 하며 진행하기도 하지만, 많은 과목들은 파워포인트를 사용한 강의 자료를 이용하여 수업을 진행한다.

일부 과목들은 온라인으로 콘텐츠를 만들어 진행하기도 한다. 즉, 강의실에서 직접 교수님의 강의를 듣는 것이 아니라 인터넷을 통해 각자 자신의 공간에서 수업을 듣는 것이다. 이러한 온라인 강의는 시간과 공간의 제약을 받지 않는다는 장점이 있다. 하지만 학생과 교수님들과의 상호 교감이 없어서 현장감 있는 강의를 제공하는 데에는 한

컴퓨터공학과 수업은
어떤 방식으로 이뤄질까?

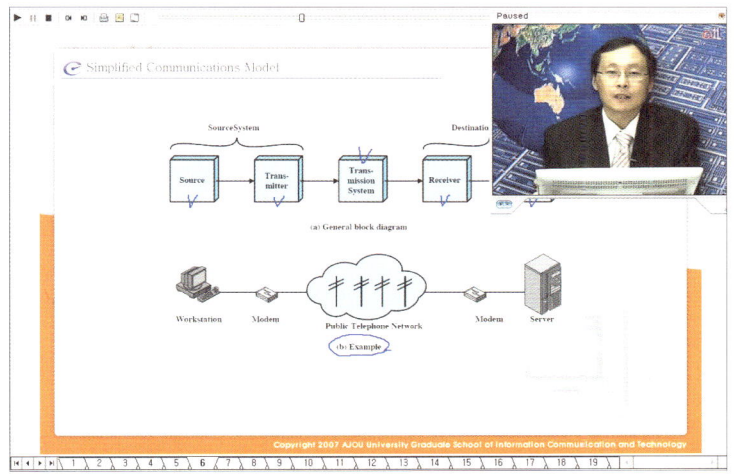

온라인 강의 모습

계가 있다. 이를 보완하기 위해 매달 한 번씩 강의실 강의를 진행하기도 한다. 이론 중심의 수업은 중간고사, 기말고사와 과제물을 위주로 하여 성적을 평가한다.

# 프로그래밍 실습 수업

컴퓨터공학과에서 프로그래밍의 중요성은 더 이상 강조할 필요가 없다고 본다. 프로그램은 컴퓨터를 사용하여 내가 원하는 기능을 수행하도록 만들기 위한 수단을 제공한다. 컴퓨터공학과에서는 일반적으로 사용하는 프로그래밍 언어인 C, C++, Java를 기반으로 하여, 일반 프로그래밍, 윈도우즈 프로그래밍, 게임 프로그래밍, 네트워크 프로그래밍, 시스템 프로그래밍 등 다양한 프로그래밍 방법들을 배운다.

프로그래밍 수업은 이론 강의와 실습 시간으로 구성된다. 실습을 하기 전에, 프로그래밍 언어의 문법과 프로그래밍 방법에 대한 이론 강의를 먼저 진행한다. 그 다음 이론 강의와 관련한 프로그래밍 문제가 주어지고, 학생들은 실습실에서 프로그램을 직접 작성하여 주어진 문제를 해결하는 실습 시간을 갖게 된다.

실습을 위해 프로그래밍을 할 수 있는 실습실 환경이 제공되는데, 대

컴퓨터공학과 수업은
어떤 방식으로 이뤄질까?

부분 전산실이나 전용 실습실을 사용하게 된다. 개인별로 컴퓨터를 사용할 수도 있다.

일부 프로그래밍 과목들은 한 학기 동안 작은 프로그램들부터 시작하여 하나의 큰 프로그램을 완성해 나가기도 한다. 이런 경우에는 학생들이 프로그램을 일관성 있게 작성하고 관리할 수 있도록, 한 학기 동안 노트북 PC를 대여해 주기도 한다.

프로그램을 작성하기 위해서는 프로그래밍 언어의 문법을 기본적으로 잘 알아야 하며, 문제를 효율적으로 해결하기 위한 자료구조, 알고리즘 등의 지식을 갖추고 있어야 한다. 그래야 더 나은 프로그램을 작성할 수 있다.

프로그램을 작성하기 위해서는 프로그래밍 언어의 문법을 기본적으로 잘 알아야 한다.

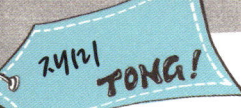

## 프로그래밍 실습을 체험해 보자

대학에서 프로그래밍 실습은 어떻게 하는지 알아보는 일은 재미있을 것이다. 컴퓨터공학과에 입학하여 처음으로 배우게 되는 기초프로그램 과목에서 실습의 예를 보도록 하자.

수업시간에 교수님이 프로그래밍 언어의 문법과 사용 방법에 대하여 강의한다. 그리고 나서 배운 것을 잘 이해하였는지를 확인하며, 실제의 프로그래밍 능력을 키우기 위하여 다음과 같이 실습 문제를 제시한다.

**실습문제** 임의의 두 수를 입력으로 받아서, 이 두 수 간의 모든 수들의 합을 구하여 보여주는 프로그램을 작성하라.

그러면, 학생들은 실습실에서 실습문제를 해결하기 위한 프로그램을 작성하고, 작성한 프로그램을 실행시켜 본다. 이 과정에서 작성한 프로그램에 오류가 있으면, 프로그램을 동작시킬 수 없다.

완전한 프로그램이 완성되면 프로그램을 실행시킬 수 있고 프로그램이 정상적으로 동작되는 것을 실습 조교에게 확인을 받아야 한다. 그리고 작성한 프로그램에 대하여 리포트를 작성하여 제출함으로써, 해당 실습은 종료된다.

컴퓨터공학과 수업은 어떤 방식으로 이뤄질까?

```
실습1 - Microsoft Visual C++ - [실습1.cpp]
File Edit View Insert Project Build Tools Window Help
[Globals]        [All global members]    main
#include <stdio.h>
int main(void)
{
    int s_num, e_num;
    int i, sum=0;
    printf("시작값과 마지막값을 넣으시오: ");
    scanf("%d %d",&s_num, &e_num);

    for (i=s_num; i<=e_num; i++)
        sum += i;

    printf("%d부터 %d까지 합한 값은 %d 입니다.\n",s_num, e_num,sum);
}
Ready                                    Ln 13, Col 2
```

실습문제 프로그램 작성

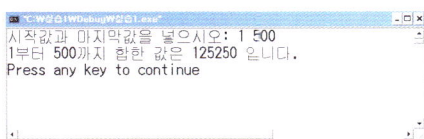

```
"C:\실습1\Debug\실습1.exe"
시작값과 마지막값을 넣으시오: 1 500
1부터 500까지 합한 값은 125250 입니다.
Press any key to continue
```

프로그램 동작의 확인

# 실무중심의 실습수업

예전에는 졸업 후 회사에 취직하면, 회사에서 몇 개월에 걸쳐 실무 교육을 실시한 후에 업무에 종사하였다. 이를 위한 시간과 비용의 부담이 커지면서, 각 회사들은 비용절감과 효율성을 위해 졸업생들이 취업하자마자 바로 실무에 적응할 수 있도록 요구하게 되었다. 그래서 컴퓨터공학과에서도 컴퓨터공학 분야의 실무능력을 향상시키기 위해 실무중심의 실습을 강조하는 다양한 수업들이 제공된다.

대표적인 것으로 임베디드 시스템 실습과 같이 실제 하드웨어 장치나 소프트웨어 도구들을 사용하여 작업을 수행하는 수업들을 꼽을 수 있다. 최근에 임베디드 시스템에 대한 관심이 매우 높아졌다. 이에 따라 임베디드 시스템을 다루는 소프트웨어 엔지니어들에 대한 요구가 증대하고 있다. 우리가 일상생활에서 많이 보고 사용하는, 휴대전화, PDA, PMP(휴대용 개인 멀티미디어 장치), MP3 플레이어, 셋톱박스, ADSL/VDSL 모뎀 등이 모두 임베디드 시스템에 해당한다.

컴퓨터공학과 수업은
어떤 방식으로 이뤄질까?

임베디드 시스템 프로그램은 일반 응용 프로그램과 몇 가지 다른 점이 있다. 그 중 가장 큰 특징은 일반 프로그램은 모든 PC에서 동작하지만, 임베디드 시스템 프로그램은 특정한 임베디드 시스템에서만 동작한다는 것이다.

임베디드 시스템 프로그래밍은 일반 PC에서 특정 임베디드 시스템을 위한 프로그래밍 도구를 사용하여 프로그램을 작성한다. 그리고 이것을 컴파일하고, 컴파일된 실행 파일을 임베디드 시스템에 설치하여 임베디드 시스템이 동작하도록 하는 것이다.

인터넷 네트워크 실습도 대표적인 실무중심의 수업이라 할 수 있다. 컴퓨터공학에서 인터넷의 역할은 매우 크다. 컴퓨터공학과에서는 인터넷을 포함하는 기본통신기술과 응용통신기술들에 더한 이론과목들을 가르친다. 이들 이론과목들을 기반으로 실제로 인터넷을 운영하는데 핵심 역할을 제공하는 라우터, 스위치, 허브와 같은 통신장치들을 직접 연결하여 소규모 이상의 인터넷망을 구성하고, 여기에 컴퓨터들을 연결하여 서로 통신이 이루어지는 것을 확인하는 실습을 진행한다.

이를 통해 인터넷기술에 대한 실제적인 이해가 가능함은 물론, 인터넷을 구축하고 운영할 수 있는 능력을 갖출 수 있게 된다. 특히, 이러한 능력을 국제적으로 인정받을 수 있는 자격증도 취득할 수 있다.

이러한 자격증에는 CCNA, CCNP, CCIE 등이 있는데, 이들은 전 세계 인터넷 라우터 시장의 80% 이상을 차지하고 있는 시스코 시스템즈 사에서 관리한다. 이 외에도 컴퓨터공학과 관련된 국제 공인 자격증들은 매우 많다. 대표적으로는 데이터베이스와 관련된 오라클사의 OCA, OCP 자격증, 마이크로소프트사의 제품과 프로그램들을 다루는 능력을 인정하여 주는 MCP, MCSE, MCSD 자격증 등이 있다.

알짜 정보

## 자격증 더 알아보기

앞에서 언급한 컴퓨터공학과 관련된 국제 공인 자격증에 대해 좀 더 자세히 알고 싶다면 다음의 사이트를 방문하여 보자.

**CCNA, CCNP, CCIE 자격증**

http://www.cisco.com/web/KR/learning/index.html

**OCA, OCP 자격증**

http://education.oracle.com/

**MCP, MCSE, MCSD 자격증**

http://www.microsoft.com/korea/learning/mcp/default.mspx

컴퓨터공학과 수업은
어떤 방식으로 이뤄질까?

## 임베디드 시스템과
## 일반 개인용 컴퓨터의 차이는 무엇일까?

우리가 많이 사용하는 일반 개인용 컴퓨터(PC)는 특정한 제한을 갖지 않고 대부분의 프로그램을 동작시킬 수 있다. 반면 임베디드 시스템은 이 시스템에만 적용하는 특정한 요구에 따라 미리 정의된 프로그램만을 수행시킨다.

일반 개인용 컴퓨터는 하드디스크를 사용하여 많은 데이터와 다양한 응용프로그램들을 저장하고, 필요할 때마다 마음대로 골라서 사용할 수 있다. 그러나 임베디드 시스템들 중에는 한두 가지의 단순한 동작만 수행하는 것들이 매우 많고, 이러한 임베디드 시스템은 프로그램들을 하드디스크 대신 읽는 것만 가능한 저가형 저장장치인 롬(ROM, Read Only Memory) 또는 플래시메모리에 저장해 두고 이 프로그램들만 동작시킨다. PDA, 휴대전화, 디지털TV, PMP, 내비게이션, MP3 플레이어, DMB 플레이어, 인공위성, 라우터 등의 네트워크 장치 그리고 로봇 등 우리가 일상적으로 사용하는 일반 개인용 컴퓨터가 아닌 대부분의 전자제품들은 임베디드 시스템들에 해당한다고 보면 된다.

최근 정부에서는 우리나라의 경제 성장을 이끌 미래의 신성장동력으로서 임베디드 시스템 소프트웨어 분야의 육성을 적극적으로 추진하기로 발표했다. 그러나 이 분야의 고급인력이 절대적으로 부족하여 연구소와 산업체의 수요를 따라가지 못하고 있는 실정이다. 이에 따라 대부분의 컴퓨터공학과에서는 임베디드 시스템 소프트웨어 교육을 강화하여 이 분야의 고급 인력을 배출하기 위해 노력하고 있다.

# 종합능력 향상을 위한 설계수업

설계수업은 공학교육인증의 기준에 따라 수업을 진행하는 학과에서는 매우 중요한 수업 요소이다. 공학교육인증을 받은 학과에서 졸업하는 학생들이 공학교육인증을 받기 위해서는 설계 과목들을 일정 학점 이상 반드시 이수하여야 한다. 이러한 설계 과목들을 통하여, 전공과 관련된 이론과 함께 실무 능력을 종합적으로 평가받게 된다.

> 설계수업을 성공적으로 이수한 학생들은 졸업 후에 산업체에서 핵심적인 개발 인력으로 참여할 수 있다.

일반 실습수업들이 개인적인 실무 능력을 높이는 데에 초점이 맞추어져 있는데 비하여, 설계 수업에서는 여러 명이 한 팀으로 구성되어 그룹 단위로 수행하는 만큼 팀워크도 중요하다. 설계 수업은 그룹별로 논의과정을 거쳐 문제를 정의하는 것에서부터 시작한다. 문제들은 실제로 컴퓨터공학 관련 산업체들에서 요구하는 기술 요소들 중에서 찾는다. 그런 다음 정의된

컴퓨터공학과 수업은
어떤 방식으로 이뤄질까?

문제를 해결하기 위한 방법에는 어떤 것
들이 있는가를 찾아내고, 찾아낸 방법을
실제로 구현하기 위해 하드웨어와 소프트
웨어 등의 기본 요소들을 정의한다. 그리
고 설계 작업이 끝나면 실제로 구현을 한 다
음, 테스트를 거쳐 문제 해결 여부를 확인한다.
각 단계마다 그룹 단위의 진행사항들을 공개 발표한다. 평가는 문제
를 찾아내고 구현하는 전 과정에 대하여 이루어진다. 이러한 과정은
실제로 산업체에서 제품을 설계하고 개발하는 절차와 매우 유사하다.
그래서 설계수업을 성공적으로 이수한 학생들은 졸업 후에 산업체에
서 핵심적인 개발 인력으로서 참여할 수 있는 충분한 준비를 갖추었
음을 인정받게 되는 것이다.

## 공학교육인증이란?

공학교육인증이란 인증 받은 프로그램을 이수한 졸업생이 실제 공학 현장에 효과적으로 투입될 수 있는 준비가 되어 있음을 보장하여 주는 것을 목적으로 한다. 또한, 국내뿐만 아니라 국가들 간에서도 서로 다른 대학에서 다른 교육체계하에 졸업을 하였더라도, 인증 프로그램을 이수한 졸업생들은 수준이 대등하다는 것을 상호 인정하여 주는 제도로서, 대학 졸업장이 국제적으로 통용될 수 있도록 하여준다. 공학계열 졸업자격의 상호 인정을 위한 워싱턴협약에서 우리나라가 11번째 정회원이 되면서 공학교육인증에 대한 사람들의 관심이 높아지고 있다.

인증 여부는 대학이나 학위보다는 실제 전공별로 이루어지고 있는 교육 프로그램 단위로 평가한다. 교육 프로그램이란 교육목표와 학습성과, 교육과정, 교수진, 학생, 시설 등을 포함한다는 의미에서 해당 전공의 교과 영역을 규정하는 교육과정보다 훨씬 범위가 넓다. 자세한 인증 기준과 인증을 받은 대학교의 학과들에 대한 정보는 한국공학교육인증원 홈페이지 (http://www.abeek.or.kr/)에 게시되어 있다. 공학교육인증에서의 인증 기준은 매우 엄격하여, 공학교육인증 기준을 통과하지 못하는 대학이나 학과들도 많이 있다.

이 제도가 정착하여 사회에서 널리 통용되기에는 아직 이른 감이 있지만, 학생 입장에서는 대학의 졸업증명서에 해당 전공에 대한 공학교육인증 여부가 함께 표시된다는 점에서 앞으로 지속적인 관심을 가지고 살펴볼 필요가 있다.

컴퓨터공학과 수업은
어떤 방식으로 이뤄질까?

# 현장실습(인턴십) 수업

**현장실습 수업은** 말 그대로 한 학기 동안 산업체에 인턴으로 활동하며 산업체 현장에서 실무교육을 받는 것이다. 이를 통해 전문 컴퓨터공학도로서의 실무 능력을 배양할 수 있다. 현장실습이 이루어지는 곳은 산학협동을 위해 인턴십 프로그램 약정을 맺은 회사들 중에서 학생들이 선택할 수 있다. 한 학기 동안 자신이 선택한 회사를 다니면서, 회사의 실제 연구와 개발 업무에 직접 참여하게 된다.

현장실습 기간 동안에는 회사로부터 인턴에 해당하는 급여를 지급받고, 한 학기에 상응하는 학점도 취득하게 된다. 학생들 입장에서는 돈도 벌고 학점도 취득할 뿐만 아니라, 현장 경험을 통해 경력도 쌓을 수 있어 그야말로 일석

삼조의 효과를 얻을 수 있다. 물론 이러한 경력은 졸업 후 취업에 매우 유리하게 작용한다.

회사 입장에서도 현장실습 과정의 학생들을 회사로 입사하게 유도함으로써, 재교육 등의 비용을 절감할 수 있다. 대학별로 차이는 있지만, 삼성전자, LG전자와 같은 대기업들과 IT 분야의 중소기업, 벤처기업들이 대학의 컴퓨터공학과들과 협약을 맺고 학생들의 현장실습에 참여하고 있다.

컴퓨터공학과 수업은
어떤 방식으로 이뤄질까?

# CC 회원들의 로봇대회 출전기

대학생활의 가장 큰 활력소 중의 하나는 동아리 활동이다. 대학에는 수많은 동아리들이 있고, 각 학과마다 학과별 전공능력 향상을 위한 다양한 소학회가 있다. 내가 다니는 대학의 컴퓨터공학과(정보및컴퓨터공학부)에도 CC(Computer Club)라는 소학회가 있다.

CC회원들은 프로그래밍에 대한 기초에서 심화까지 회원들 간에 서로 아는 것을 가르쳐 주고 배우면서 스스로 공부할 수 있다. 배움의 기쁨이 배가 되는 것은 물론 프로그래밍을 통하여 다양한 경험까지 쌓을 수 있으니 소학회 활동은 그야말로 금상첨화다.

CC회원들은 자신들의 능력을 시험해 보기 위해 지능형 로봇을 제작하여 'SoC 지능형 로봇워(http://www.socrobotwar.com/)'에 참가하기로 했다.

텔레비전이나 영화에서만 보았던 로봇을 직접 제작해 출전하는 것은 매우 소중한 경험이 된다.

'SoC 지능형 로봇워'는 탱크로봇과 태권로봇으로 경기종목이 구분되는데, 소학회는 탱크로봇대회 부문에 출전했다. 로봇의 특성상 하드웨어와 소프트웨어 모두의 지식이 필요한데, 소학회는 주로 소프트웨어 프로그래밍을 위주로 하므로, 하드웨어 지식은 많이 부족하였다. 하지만 그대로 주저앉지 않았다. 하드웨어는 소프

트웨어에 따라 성능이 좌우되므로, 하드웨어 측면보다는 소프트웨어 프로그램을 기반으로 영상인식과 인공지능 기능을 최대한 발휘하는 데 초점을 맞추었다. 그 결과 2007년도에는 총 139개 팀이 참가한 경기에서 본선 진출에 성공하였다. 2개 팀으로 출전하였는데 이 중 1개 팀이 16강에 진출하는 성과를 거두었다. 많은 준비를 하고 대회에 출전하였으나, 아쉽게 8강의 문턱은 넘지 못했다. 하지만 앞으로 계속 참가하면 더 좋은 성과를 낼 수 있을 것이다.

CC회원들은 이번 대회를 통해 정형화된 문제를 해결하는 학교 내의 팀 프로젝트와는 다른 소중한 경험을 쌓았다. 현실에서는 학교에서 배운 정형화된 상황이 아니라 다양한 변수에 따라 상황이 변한다. 이럴 때에는 전공인 컴퓨터공학에 관련된 문제뿐만이 아니라 팀워크, 소요경비, 개발기간, 환경적인 문제 등의 여러 가지 사항들을 종합적인 차원에서 풀어야 한다는 값진 교훈을 얻었다. 비록 입상하지 못했지만 CC회원들은 대회 참가를 계기로 체계적인 프로그램 작성과 관리의 필요성은 물론 팀원들 간의 의사소통이 얼마나 중요한지를 새삼 깨닫게 되었다.

컴퓨터공학과 수업은
어떤 방식으로 이뤄질까?

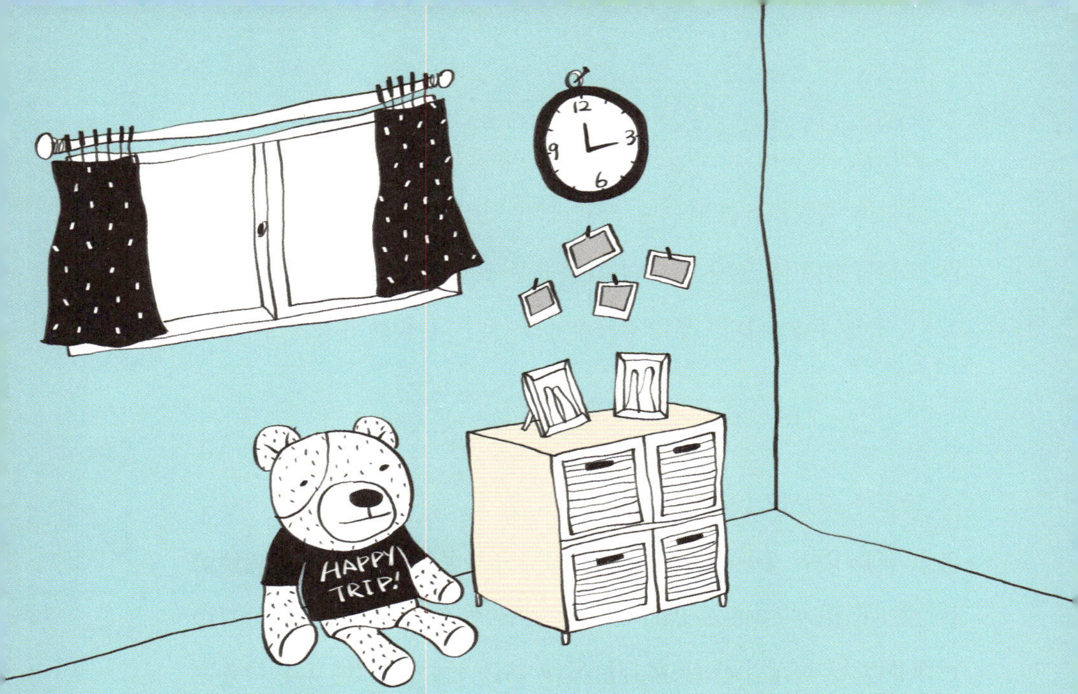


1. 컴퓨터공학과 대표 과목들 살펴보기

2. 컴퓨터 이론 분야를 배워보자

3. 컴퓨터시스템 분야를 배워보자

4. 소프트웨어 응용 분야를 배워보자

5. 컴퓨터 통신 분야를 배워보자

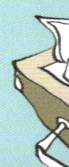

# 컴퓨터공학과 대표 과목들 살펴보기

**컴퓨터공학과에서** 배우는 과목들의 이름과 내용들은 학교마다 다를 수 있다. 여기에서는 2장에서 설명한 컴퓨터공학의 네 가지 전문 분야에 따라 일반적으로 배우게 되는 과목들을 소개하고자 한다. 여기에서 구분하는 전문 분야는 컴퓨터공학에서 배우는 내용들을 이해하기 쉽도록 구분한 것뿐임을 주의해 주기 바란다.

대학교 학부과정에서는 이들 전문 분야의 과목들을 골고루 배우게 되고, 이를 통해 컴퓨터공학에 대한 전반적인 기반 지식을 갖출 수 있다. 학부를 졸업한 후 대학원에 진학해 이들 중 한 분야를 집중적으로 공부하기도 한다. 대학원에 대한 내용은 5장에서 설명하였으니, 잠시 후에 만나 보기로 하자.

다음의 표는 국내 대학교의 컴퓨터공학과에서 일

반적으로 배우는 과목들을 전문 분야별로 정리한 것이다. 모든 과목들을 다 소개하는 것은 별로 의미가 없을 것이고, 이들 중 각 분야를 대표하는 과목들을 중심으로 배우는 내용들을 살펴보도록 하겠다.

| 컴퓨터 이론 | 컴퓨터과학개론, 이산구조, 확률통계, 선형대수, 자료구조, 알고리즘, 계산이론, 전산생물학, 오토마타이론 |
| 컴퓨터시스템 | 운영체제, 컴퓨터구조, 임베디드 시스템, 시스템소프트웨어, 시스템프로그래밍, 분산시스템, 디지털시스템, 디지털논리설계 |
| 소프트웨어 응용 | 컴퓨터프로그래밍, 객체지향프로그래밍, 컴파일러, 데이터베이스, 컴퓨터비전, 그래픽스, 정보보호, 소프트웨어공학 인공지능, 정보검색 |
| 컴퓨터통신 | 컴퓨터통신, 인터넷프로토콜, 광대역통신, 무선이동통신, 멀티미디어통신, 네트워크프로그래밍 |

# 컴퓨터 이론 분야를 배워보자

study #02

## 수학은 모든 공학의 기초 – 이산구조, 확률통계, 선형대수

컴퓨터 엔지니어가 되기 위해서는 세 가지 언어를 마음대로 사용할 줄 알아야 한다. 첫 번째 언어는 사람들과 대화할 때 사용하는 언어이다. 자신의 생각을 말과 글로 표현하는 데 불편함이 없어야 하는 것은 기본이고, 함께 일하는 동료들과 의사소통을 원활하게 하기 위해서 최소한의 언어구사 능력은 필수적이다. 또한 전 세계가 지구촌이 된 국제화 시대에서는 어느 나라에 가더라도 일상생활을 영위할 수 있을 만큼의 영어 능력이 필요하다.

> 컴퓨터 엔지니어가 되기 위해서는 언어, 프로그래밍 언어, 수학이라는 언어를 잘 사용할 수 있어야 한다.

두 번째로 필요한 언어는 컴퓨터와 대화할 때 사용하는 프로그래밍 언어이다. 많은 프로그래밍 언어 중에서 적어도 한두 가지 언어는 충분히 연습하여 자신이 고안한 알고리즘

미리 체험해 보는
컴퓨터공학과 수업

을 프로그램으로 구현하여 실행해 볼 수
있어야 한다.

컴퓨터와 대화를 한다는 것은 프로그램을
한 줄씩 작성할 때마다 컴퓨터가 무슨 일을
하게 될지 미리 예측할 수 있어야 한다는
것을 의미한다. 프로그램을 컴퓨터가 잘못 이
해하여 엉뚱한 작업을 하지 않도록 상대방을 배

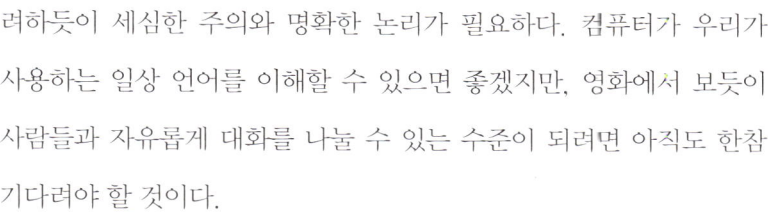

려하듯이 세심한 주의와 명확한 논리가 필요하다. 컴퓨터가 우리가
사용하는 일상 언어를 이해할 수 있으면 좋겠지만, 영화에서 보듯이
사람들과 자유롭게 대화를 나눌 수 있는 수준이 되려면 아직도 한참
기다려야 할 것이다.

세 번째 언어는 바로 수학이다. 자신의 아이디어나 기획을 상대방에
게 정확하게 전달하기 위해서는 사용하는 단어 하나까지도 그 의미가
분명해야 한다. 수학은 정의(definition)로 시작해서 정리(theorem)로 완
성되는 학문이다. 다른 사람이 나와 똑같은 생각을 하드록 설명하려면
수학적인 용어와 수식으로 표현하는 것이 가장 확실한 방법이다.

역사적으로 수학은 사람들의 능력을 평가하기 위한 하나의 지표로서
시험과목에 늘 포함되어 왔다. 때로는 수학과 전혀 상관이 없어 보이
는 분야에서조차 수학이 중요한 시험과목이 될 수 있었던 것은 수학
적 사고 능력이 실제 업무처리 능력과 매우 밀접한 관계가 있었기 때
문이다.

## 이산구조

'이산(discrete)' 이란 단어의 사전적인 의미는 각각 분리되어 하나 둘씩 셀 수 있는 것을 말한다. 우리 주변에서 볼 수 있는 자연은 대부분 연속적인 개념이다. 임의의 실수 바로 다음에 어떤 수가 있는지 알 수 없으며, 설사 세어볼 수 있는 자연수라 하더라도 그 끝을 알 수 없을 만큼 너무 많아서 모두 몇 개인지 알 수 없다.

'이산구조' 에서 다루는 대상은 셀 수 있으면서, 전체 원소의 개수가 한정된 집합으로 제한한다. 이러한 의미에서 이산수학(discrete mathematics)이라 부르기도 한다. 즉, 컴퓨터에서 0 또는 1의 값을 가지는 비트(bit)로 표현 가능한 모든 데이터를 대상으로 한다는 점에서 컴퓨터공학을 공부하려면 반드시 필요한 기초 지식을 배우는 과목이라 할 수 있다.

컴퓨터공학에서 주로 다루는 수학으로는 이산구조를 비롯하여 행렬, 벡터, 연립방정식 등을 배우는 선형대수, 현대 암호이론의 근간을 이루고 있는 정수론과 현대 대수, 모든 경우의 수에 대한 발생가능성을 따져보고 추정과 가설 검정에 필요한 다양한 수학적 모델을 배우는 확률과 통계 등이 대표적이다.

**최소의 노력으로 최대의 효과를 – 자료구조, 알고리즘, 계산이론**

최소의 노력으로 최대의 효과를 기대한다는 것은 최소의 비용으로 최

대의 이익을 추구하는 자본주의 논리와 일맥상통한다. 이때, 최소한의 노력만으로 원하는 결과를 얻으려면 매우 효율적인 방법으로 일을 처리해야 한다. 효율적인지 아닌지 판단할 수 있는 기준은 시간이 될 수도 있고 비용이 될 수도 있다. 똑같은 물건을 구입하는 데 굳이 더 비싼 금액을 지불하고 싶은 사람은 없을 것이다.

그렇다면 컴퓨터를 이용해서 어떤 문제를 해결하려고 할 때에도 같은 원리를 생각해 볼 수 있다. 동일한 컴퓨터임에도 불구하고 서로 다른 소프트웨어를 사용하였을 때, 만일 하나가 다른 하나보다 훨씬 빨리 일을 끝낸다면 여러분은 어느 소프트웨어를 선택할 것인가? 이와 같이 여러 가지 방법들을 서로 비교하여 어떤 것의 성능이 더 좋은지 알아보는 것이야말로 가장 효율적인 문제해결 방법을 찾기 위해 반드시 필요한 작업이다.

예를 들어 현재 인터넷에서 서비스를 제공하고 있는 검색사이트는 여러 곳이 있다. 그중에서 여러분이 주로 사용하는 검색사이트가 정해져 있다면 분명 거기에는 그만한 이유가 있을 것이다. 검색결과를 얼마나 빨리 제공하느냐 하는 것도 중요하지만, 내가 원하는 정보가 검색결과에 없다면 단지 빠르다는 것만으로는 만족할 수 없을 것이다.

유능한 소프트웨어 개발자는 완벽한 프로그램을 원한다. 어떠한 경우라도 항상 가장 좋은 성능을 발휘할 수 있도록 프로그램을 작성하려면 미리 문제를 철저히 분석하고 내가 사용할 수 있는 도구들의 장단점을 파악해야 한다.

컴퓨터 프로그램에서 성능을 좌우하는 가장 중요한 열쇠는 알고리즘이다. 그러나 아무리 좋은 알고리즘을 사용하더라도 잘못된 자료구조를 사용한다면 아무 소용이 없다. 흔히 알고리즘을 컴퓨터 과학의 꽃이라 한다. 문제해결의 시작은 바로 어떤 순서와 어떤 방법으로 일을 해야 할 것인지 결정하기 위한 알고리즘을 설계하는 것에서 출발하기 때문이다.

### 자료구조

데이터를 처리하는 방법은 데이터를 어떻게 보관하는지에 따라 달라진다. 예를 들어 한 손에 카드를 들고 다른 손으로 카드를 순서대로 재배치하는 것과, 카드를 책상 위에 펼쳐놓은 다음 두 손으로 카드의 위치를 서로 맞바꾸어 순서대로 배치하는 것은 다르다.

컴퓨터에서는 데이터를 메모리에 보관한다. 메모리에 보관된 데이터는 한 번에 한 개씩밖에 가져올 수 없으므로, 처음에 어떤 형태로 데이터를 메모리에 저장하느냐에 따라 데이터 처리 방법도 크게 달라진다.

예를 들어 휴대전화에 저장된 전화번호부를 생각해 보자. 만일 전화번호가 입력한 순서 그대로 보관되어 있다면 원하는 전화번호를 찾기 위해 저장된 모든 전화번호를 뒤져야만 한다. 하지만 전화번호를 성명의 가나다순으로 저장해 두었다면 좀 더 편리하고 빠르게 원하는 전화번호를 찾을 수 있을 것이다. 한편 방금 통화했던 사람에게 다시 전화를 걸고 싶으면 다시 상대방 이름으로 전화번호를 찾기보다는 가장 최근에 통화한 목록에서 찾는 것이 더욱 빠르고 정확할 것이다.

이와 같이, 자료구조 과목에서는 말 그대로 문제의 특성에 따라 알맞은 자료구조는 어떤 것들이 있는지와 이들을 사용한 데이터 처리 방법들 간에는 어떠한 장단점이 있는지를 서로 비교 분석하는 내용들을 배운다.

미리 체험해 보는
컴퓨터공학과 수업

## 알고리즘

알고리즘(algorithm)이란 주어진 문제를 해결하기 위한 방법과 절차를
연구하는 분야이다. 즉, 문제 풀이나 정답 자체를 찾기보다는 같은 답을
얻더라도 어떻게 하면 빠르고 효율적으로 문제를 풀 수 있는지 다양한 방법
을 생각해 내고, 그것들을 서로 비교하여 분석하는 작업이다.

예를 들어 임의로 주어진 물건들을 정해진 순서대로 나열하는 것을 '정렬(sort)'이라
고 한다. 지금까지 알려진 정렬 알고리즘은 그 종류만도 수십 가지에 이를 만큼 다양
하다. 여러 사람이 서로 경쟁하는 상황에서 가장 흔히 사용하는 방법은 일렬로 줄을
서도록 한 다음 순서대로 결정하는 것이다. 버스나 지하철을 타고 내릴 때 한 줄로 서
서 차례대로 질서를 지키는 것 자체가 바로 정렬이다.

정렬 알고리즘 이외에도 일상생활 속에서 손쉽게 찾아볼 수 있는 알고리즘은 많이 있
다. 도서관에서 원하는 책이 현재 대출 중인지 알아보는 것도, 지하철을 타기 전에 목
적지에 가장 빨리 도착하려면 어디서 무엇을 갈아타야 하는지 알아보는 것도 생활 속
의 알고리즘이다. 좋은 알고리즘 즉, 빠르고 효율적인 문제해결 방법을 찾는 것은 더
싸고 성능이 좋은 제품을 만드는 원천기술이 된다.

# 컴퓨터시스템 분야를 배워보자

**기계에 생명을 불어넣는다 – 운영체제, 컴퓨터구조, 시스템소프트웨어**

직접 시장에서 부품을 사다가 조립하여 PC를 만들었다고 해서 곧바로 사용할 수는 없다. 컴퓨터를 사용하기 위해서는 몇 가지 기본적인 소프트웨어를 설치해야 비로소 화면도 보이고 키보드로 입력도 할 수 있다. 컴퓨터가 일반 기계장치와 다른 점은 무엇일까? 흔히 컴퓨터를 말할 때 하드웨어와 소프트웨어로 구분하여 이야기하며, PC를 구입할 때에도 하드웨어 가격과 소프트웨어 가격을 구분하여 금액을 결정한다.

컴퓨터는 하드웨어 자체만으로 처음부터 무슨 용도로 사용할 것인지 정해져 있는 것이 아니라, 어떤 소프트웨어를 설치하는지에 따라 얼마든지 변신할 수 있다는 점에서 다른 기계 장치들과 구분된다. 즉, 한글이나 워드와 같은 문서작성용 소프트웨어를 사용하면 타자기가 되고, 스타크래프트와 같은 게임 소프트웨어를 사용하면 전자오락기가

미리 체험해 보는
컴퓨터공학과 수업

되는 것이 컴퓨터이다.

컴퓨터는 여러 가지 주변 장치들을 사용한다. 컴퓨터에 무엇을 입력하려면 키보드나 마우스를 사용하고, 작업 결과를 출력하려면 모니터나 프린터가 필요하다. 이와 같이 다양한 종류의 컴퓨터 주변기기들이 서로 연결되어 함께 동작할 수 있도록 해주는 소프트웨어를 운영체제라고 부른다. PC에서 주로 사용하는 윈도우나 리눅스 등이 바로 대표적인 운영체제이다.

오늘날 컴퓨터의 변신은 끝이 없어 보인다. 새로운 소프트웨어가 탄생할 때마다 컴퓨터도 새로운 기계장치로 거듭 태어나기 때문이다. 교통신호기 제어 프로그램을 설치하면 교통경찰의 역할을 대신할 수도 있고, 인터넷 전화 프로그램을 설치하면 전화 교환원의 역할도 대신해 줄 수 있다. 가정에서 사용하는 컴퓨터도 화려한 변신을 준비하고 있다. 카메라나 센서를 설치해 연결하면 보안 시스템이 되고, 가스레인지, 전기밥솥 등 가전제품과 연결하면 집 밖에서도 얼마든지 원격으로 조정할 수 있는 홈 오토메이션 시스템이 된다.

이러한 의미에서 운영체제와 같은 시스템 소프트웨어나 다양한 분야에서 활용하는 각종 응용 소프트웨어는 컴퓨터를 단순한 하나의 기계장치에서 멋있는 생활의 동반자로 만들어 주는 생명과도 같은 존재임이 틀림없다. 컴퓨터공학을 전공한다면 여러분도 컴퓨터에게 새로운 생명을 불어넣을 수 있는 신과 같은 존재가 될 수 있을 것이다.

## 운영체제

운영체제는 CPU와 메모리와 같이 컴퓨터가 가지고 있는 자원을 효율적으로 관리하는 동시에 사용자에게 컴퓨터를 편리하게 사용할 수 있는 환경을 제공해 주는 가장 중요한 시스템 소프트웨어이다. 이 밖에도 운영체제는 각종 컴퓨터 주변기기들을 제어하고, 동시에 여러 가지 응용 프로그램이 실행될 수 있도록 지원하며, 파일 단위의 각종 정보들을 관리한다.

만일 운영체제에 문제가 발생한다면 컴퓨터는 동작을 멈추게 될 것이다. 컴퓨터가 아무런 반응도 보이지 않는 상태를 우리는 '죽었다'고 표현하기도 한다. 컴퓨터가 죽지 않도록 하기 위해서는 운영체제에서 다루는 각종 문제들을 이해하고 이를 해결하기 위한 기법들을 활용할 수 있어야 한다. 미래에는 영원히 죽지 않는 컴퓨터가 과연 가능할지 기대해 본다.

**세상에 없는 새로운 물건을 만들다 – 임베디드 시스템, 디지털시스템, 디지털 논리설계**

풍부한 곡식과 싱싱한 생선, 깨끗한 물과 울창한 나무, 따스한 흙과 상쾌한 공기. 하지만 지금 우리가 사용하고 있는 대부분의 생활용품은 자연에서 얻은 것이 아니라 공장에서 생산된 제품들이 대부분이다.

공장이 없었던 옛날 우리 선조들은 어떻게 살았는지 새삼 궁금해진다. 평소 우리가 자주 사용하는 물건 중 할아버지나 할머니께서는 전혀 사용하지 않았던 것들에는 무엇이 있을까? 엄청난 분량의 사전을 제공하면서도 외국어를 원어민 음성으로 생생하게 들려주는 전자수

미리 체험해 보는
컴퓨터공학과 수업

첩, 처음 가는 곳도 친절하게 안내해 주고 차 안에서 영화나 TV도 볼 수 있게 해주는 내비게이션, 공원에서 조깅을 즐기거나 물속에서 수영을 하면서도 언제 어디서나 음악을 즐길 수 있게 해준 MP3 플레이어. 이 모두가 불과 얼마 전까지만 해도 공상과학 소설이나 SF 영화에서나 만날 수 있었던 제품들이다.

이제 CPU와 메모리만 있으면 어떤 기계장치도 컴퓨터처럼 사용할 수 있는 시대가 되었다. 버튼 하나만 누르면 원하는 요리를 자동으로 만들어 주는 전자레인지는 요즘 시장에 나오는 첨단 요리기구에 비하면 오히려 구닥다리라는 느낌마저 든다. 성냥갑 크기의 작은 휴대전화 하나로 멀리 떨어져 있는 그리운 사람과 서로 얼굴을 마주 보며 통화하고, 여행을 다니면서 사진을 찍거나 비디오를 촬영하고, 사무실에서는 발표 자료를 대형 화면으로 보여줄 수도 있다. 또한 원하는 용도와 목적에 맞는 프로그램을 만들어 메모리에 저장해 두면 CPU가 알아서 처리할 수 있다. 지금까지 아무도 생각하지도 만들어 보지도 못한 것들이 하루가 다르게 시장에 나오고 있다. 이러한 휴대용 디지털 기기들의 등장은 신기함보다도 충격에 가까울 정도이다.

원하는 부품을 시장에서 구입하여 직접 조립할 수 있는 사람이라면 손쉽게 새로운 기계장치를 만들 수 있는 것이 현실이다. 게다가 굳이 전문가가 아니더라도 약간의 소프트웨어 개발능력만 갖추고 있다면 자신이 필요로 하는

프로그램을 직접 만들어 설치함으로써 기계를 변신하게 만드는 것도 얼마든지 가능하다. 컴퓨터공학을 전공하면 하드웨어와 소프트웨어의 만남을 통해 누구나 세상에서 단 하나뿐인 나만의 새로운 기계를 만들 수 있다.

## 과목 알아보기

### 임베디드 시스템

임베디드 시스템(Embedded System)은 시스템을 동작시키는 소프트웨어를 하드웨어에 내장하여 특수한 기능만을 가진 시스템이다. 그런 의미에서 내장형 시스템이라는 말로 번역되어 사용하기도 한다. 이 시스템의 구성 요소를 살펴보면 일반 컴퓨터와 별로 달라 보이지 않지만 PC처럼 누구나 사용할 수 있는 범용 컴퓨터는 아니다. 즉, 특정 분야에서 특수한 목적으로 사용하기 위해 제작한 컴퓨터라고 생각하면 쉽게 이해할 수 있을 것이다.

즉, 임베디드 시스템이라는 과목을 통해서 사용자가 원하는 대로 주문받아 만드는 일종의 주문형 컴퓨터를 제작하기 위한 기술과 방법을 배우고 익히게 된다.

임베디드 시스템은 대개 특별한 요구 사항을 만족시키기 위한 자기만의 기능을 갖추고 있으며, 미리 정의된 작업(task)만 수행할 수 있다. PC에서는 하드디스크에 운영체제와 각종 응용 소프트웨어를 보관하고 있다가 필요할 때마다 메모리에 옮겨놓고 사용한다. 하지만 임베디드 시스템에서는 그러한 소프트웨어들을 롬(ROM)이나 플래시 메모리에 이미지 형태로 저장하고 있다가, 전원 스위치를 켬과 동시에 재빨리 메모리에 옮겨 사용한다. 따라서 초기 지연 시간이 짧고 외부의 공격으로 내장된 소프트웨어가 손상되지 않는다는 장점이 있다.

미리 체험해 보는
컴퓨터공학과 수업

**모든 실험은 컴퓨터를 이용해서 – 컴퓨터 프로그래밍, 객체지향 프로그래밍 등**

컴퓨터 프로그램을 만드는 작업은 자동차를 운전하는 것과 같다. 핸들을 왼쪽으로 돌리면 차가 왼쪽으로 가는 것이 아니라, 왼쪽으로 차를 움직이려면 핸들을 왼쪽으로 돌려야 하는 것이다. 컴퓨터와 프로그램의 관계도 마찬가지이다.

즉, 내가 작성한 프로그램대로 컴퓨터가 작업을 수행하는 것이 아니라, 컴퓨터가 어떤 작업을 할 수 있도록 하려면 내가 어떻게 프로그램을 작성해야 하는지 아는 것이 중요하다.

지금까지 수없이 많은 프로그래밍 언어가 탄생하고 사라졌지만, 아무리 배우기 힘든 프로그래밍 언어라도 실제 사용하는 단어는 수십 개에 불과하다. 몇년 동안 수천 개의 단어를 공부해도 영어가 어렵다고 느꼈다면, 오히려 프로그래밍 언어는 훨씬 배우기 쉽지 않을까?

비록 결과는 같아도 어느 프로그램이 컴퓨터를 더 힘들게 했는지 알아보는 것도 중요하다.

예를 들어 1부터 100까지의 합을 구하기 위해 99번 덧셈을 반복할 것인지, 아니면 등차수열의 합을 구하는 공식을 이용해 100에 101을 곱해 2로 나눌 것인지에 대한 선택은 결국 프로그램을 만드는 사람에게 달려있다. 숙련된 프로그래머가 되기 위해 많은 시행착오를 거치면서 힘들게 고생하는 것도, 따지고 보면 컴퓨터가 무엇을 잘하고 어떤 작업을 싫어하는지 충분히 이해하지 못한 사람은 결코 좋은 프로그램을 만들 수 없기 때문이다.

컴퓨터 프로그램을 만드는 작업은 대단한 정신력과 집중력을 요구한다. 설계 단계에서 우선 프로그램 전체를 개략적으로 생각한 다음, 코드를 한 줄씩 작성해 나간다. 코드 작성이 끝나면 다시 처음으로 되돌아가서 다시 한 번 전체 프로그램을 검토한다. 최종적으로 이상이 없으면 컴퓨터에 실행시켜 자신이 예측한 결과값과 일치하는지 확인함으로써 하나의 프로그램을 완성한다.

누구나 처음 배울 때에는 실수를 하기 마련이다. 하지만 프로그램을 작성하고 에러를 수정하는 작업을 반복하면서 점차 익숙해지기 시작하면 나중에는 편안해진다. 유능한 프로그래머가 되기 위해서는 많은 훈련이 필요하다. 실습을 통해 얼마나 많은 프로그램을 직접 작성하여 실행시켜 보았는지가 중요한 것이다.

특정 프로그래밍 언어를 사용하여 실용적인 프로그램을 작성하는 것이외에도 대학에서 배우는 컴퓨터 프로그래밍 과목은 매우 다양하다.

미리 체험해 보는
컴퓨터공학과 수업

### ① 윈도우 프로그래밍

윈도우 프로그래밍이란 윈도우 환경에서 사용할 수 있는 응용 소프트웨어를 만드는 것이다. PC에서 음악을 감상하거나 동영상을 보기 위해 사용하는 프로그램도 윈도우 프로그래밍을 통하여 만들어진 것들이다.

### ② 웹 프로그래밍

그렇다면 인터넷 환경에서 사용할 수 있는 응용 소프트웨어를 만들 수 있지 않을까? 웹에서 운영하는 모든 웹 문서와 홈페이지를 만드는 것을 웹 프로그래밍이라고 한다. 예를 들어 홈페이지에 방명록과 게시판을 만들어 사용자들이 글이나 사진을 쉽게 올릴 수 있도록 하는 것도 하나의 웹 프로그래밍이다. 다시 말해서 웹 프로그래밍이란 인터넷 사이트와 사용자 사이에 다리 역할을 해주는 소프트웨어를 작성하는 것이다.

### ③ 네트워크 프로그래밍

종종 사람들은 웹 프로그래밍과 네트워크 프로그래밍을 혼동한다. 네트워크 프로그래밍에서는 네트워크를 구성하는 장치들을 제어하는 소프트웨어를 만든다. 예를 들어 어떤 컴퓨터가 다른 컴퓨터와 데이터를 주고받을 수 있도록 서로를 연결시켜 주는 프로그램을 만드는 것이다.

여러분이 자주 사용하는 메신저 프로그램이 무엇인지 알고 있다면 네트워크 프로그래밍이 어떤 소프트웨어를 만드는지 쉽게 이해할 수 있을 것이다. 서울에 살고 있는 내가 부산에 살고 있는 친구에게 '안녕'이라는 메시지를 보냈다면, 과연 그 친구는 그 메시지를 어떻게 받아 볼 수 있는 걸까? 이처럼 멀리 떨어져 있는 컴퓨터들끼리 서로 데이터를 주고받을 수 있도록 프로그램을 만드는 것이 바로 네트워크 프로그래밍이다.

### ④ 시스템 프로그래밍

시스템 프로그래밍이란 모니터, 키보드, 하드디스크 등과 같이 컴퓨터 주변기기나 구성 요소들을 다루는 프로그램을 만드는 것이다. 컴퓨터를 조금 다룰 줄 아는 사람이라면 사운드카드나 그래픽카드를 바꾸거나 새로운 주변기기를 컴퓨터에 연결해 사용하기 위해 드라이버 프로그램을 설치해 본 경험이 있을 것이다. 바로 이러한 드라이버 프로그램이 대표적인 시스템 프로그램의 하나이다.

### ⑤ 컴파일러

'컴파일러'란 사람이 작성한 프로그램

을 컴퓨터가 쉽게 이해할 수 있는 기계어로 번역해 주는 프로그램을 말한다. 이러한 번역 프로그램 덕분에 사람들은 자신의 생각을 좀 더 쉽고 편리하게 프로그램으로 표현할 수 있다. 대규모 프로그램을 개발하거나 좀 더 효율적인 프로그램을 개발하기 위해 프로그램 만드는 기법을 익히는 프로그래밍 방법론이라는 과목이 있고, C++이나 Java와 같은 객체지향 방식의 프로그래밍 언어를 익히고 전문가가 개발한

과목 알아보기

## 컴퓨터 프로그래밍

초등학생 시절에 처음 덧셈과 곱셈을 배웠을 때 하루에 몇 문제나 풀어야 했는지 기억하고 있는가? 사람들은 단순한 반복 작업을 계속하다 보면 싫증도 나고 지루해하기 마련이다. 또한 시간이 지나면 집중력도 떨어지고 실수도 생긴다.

하지만 컴퓨터는 이러한 단순 작업을 아무리 많이 반복하더라도 항상 정확하고 빠르게 처리할 수 있는 장점이 있다. 컴퓨터가 사람이 할 일을 대신하려면 무슨 일을 어떻게 처리해야 하는지 누군가 알려주어야 하며, 한 번에 한 가지씩 차례대로 컴퓨터가 해야 할 작업을 설명해 주어야 한다. 이렇게 설명해 주는 일이 곧 프로그램을 만드는 것이다.

프로그램을 작성하려면 먼저 컴퓨터가 이해할 수 있는 언어 즉, 프로그래밍 언어부터 배우는 것이 필요하다. 프로그래밍 언어에서 주로 사용하는 단어는 불과 몇십 개밖에 안 되므로 금방 외워버릴 수도 있지만, 워낙 문법이 까다로워 순서가 틀리거나 기호한 개만 빼먹어도 에러 메시지가 마구 쏟아지기 때문에 세심한 주의가 필요하다. 프로그래밍 언어에 익숙해지고 나면 각종 문제 해결을 위해 효율적인 자료구조를 선택하고 그에 따른 알고리즘을 활용해 프로그램을 만들 수 있다.

## 과목 알아보기

### 컴퓨터 그래픽스

처음 대학에 입학한 신입생에게 컴퓨터 그래픽스가 어떤 과목이냐고 물으면 대부분의 학생들은 우리가 눈으로 볼 수 있는 모든 것을 있는 그대로 컴퓨터 화면에 똑같이 표현하는 기술을 배우는 과목이라고 생각한다. 이는 엄격히 말하면 그래픽 디자인 관점에서 컴퓨터 그래픽스를 말한 것이다. 여기에서 소개하려는 컴퓨터공학 관점에서의 컴퓨터 그래픽스와는 상당한 거리가 있는 셈이다. 즉, 실제 존재하든 안 하든 모든 종류의 물체를 만들고, 이들의 움직임을 표현하고, 이를 카메라나 캠코더로 찍어 화면에 보여주는 모든 과정을 말한다.

일반적으로 컴퓨터 그래픽스란 컴퓨터를 이용하여 원하는 이미지나 그림을 만들어 내는 일련의 과정과 관계된 모든 기술을 말한다. 컴퓨터 그래픽 기술을 이용하면 현실세계에 존재하는 모든 물체는 물론 그 움직임까지도 컴퓨터 화면에 생생하게 나타낼 수 있으며, 이러한 기술을 바탕으로 사람들이 상상하는 가상세계도 실제 존재하는 것처럼 착각을 불러일으킬 만큼 정밀하고 실감나게 만들어 낼 수 있다. 요즘 극장에서 상영하는 영화에서 컴퓨터 그래픽으로 제작된 화면을 모두 삭제한다면 아마도 영화의 줄거리를 거의 이해하지 못할 것이다. 그만큼 많이 사용하는 기술이다.

프로그램들을 하나의 부품처럼 라이브러리에서 가져다가 활용하는 방법을 배우는 객체지향 프로그래밍이라는 과목도 있다.

### 예방할 수 없다면 방어라도 할 수 있어야 한다 – 정보보호

대개 정보보호 하면 가장 먼저 떠올리는 것이 컴퓨터 바이러스, 웜과 같은 악성코드나 해커의 침입 등과 같은 것이다. 정보보호란 작게는

미리 체험해 보는
컴퓨터공학과 수업

PC에서 여러분이 사용하는 아이디(ID)와 비밀번호(Password)를 보호하는 것부터 크게는 기업의 원천기술이나 기밀을 지키고 국가 차원의 안전과 사이버 테러 혹은 전쟁을 막는 것까지 그 범위가 매우 넓다. 게다가 정보보호 관련 사고는 기술적인 문제는 물론 운영 관리상의 문제와 법과 제도까지 서로 관련되어 매우 복잡한 성격을 띠고 있다.

뉴스나 신문을 통해 소개되는 정보보호 관련 사건 소식도 이미 일상처럼 되어버렸다. 현재 우리가 살고 있는 정보화 사회에서 정보보호는 더 이상 선택이 아닌 필수가 된 것이다. 일반적으로 정보코호 분야를 설명하기 위해서는 시스템 보안 분야, 네트워크 보안 분야, 암호 기술과 암호화 시스템 분야, 그리고 보안 관리와 운영에 관한 분야 등과 같이 크게 네 가지 분야로 나누어 볼 수 있다.

시스템 보안이란 컴퓨터시스템 자체를 보호하는 것이다. 즉, PC의 경우 윈도우와 같은 운영체제 소프트웨어의 취약성을 파악하여 보안작업을 함으로써 내 컴퓨터를 아무나 사용할 수 없도록 지키는 것을 말한다. PC에 설치하여 사용하는 모든 응용 소프트웨어의 보안도 시스템 보안에서 중요하게 다루는 것 중 하나이다. 예를 들어 이메일이나 메신저 프로그램을 통해 외부에서 악성 코드가 들어오는 것을 방지하고, 사용자도 모르는 사이에 불법으로 누군가가 컴퓨터에 접속하는 것도 차단할 수 있어야 한다.

만일 PC가 인터넷에 연결되어 있다면 네트워크 보안도 고려해야 한다. 왜냐하면 내 방에 있는 PC를 공격하기 위해 해커가 우리 집에 찾아오기보다는 인터넷을 통해 접근할 가능성이 높기 때문이다. 네트워크 보안이란 컴퓨터 네트워크를 통해 주고받는 모든 데이터들을 안전하게 전달하기 위한 모든 과정과 그에 따른 기술을 말한다. 즉, 전송과정에서 데이터가 사라지거나 내용이 바뀌거나 혹은 아무도 내용을 알 수 없도록 암호화하는 것도 모두 네트워크 보안이 담당할 몫이다.

한편 직접 만나서 대화를 하는 것이 아니므로 상대방의 신분을 확인하는 것도 쉽지 않다. 이러한 신분 확인을 목적으로 사용되는 기술이 바로 인증기술이다. 지문이나 홍채 정보와 같은 생체정보를 이용하여 출입을 통제하는 것처럼, 네트워크를 통해 주고받으면서 서로의 신분을 확인할 필요가 있다. 이를 위해 가장 간단하고 널리 사용하는 것은 기본적으로 ID와 비밀번호를 이용한 로그인 방식이다. 하지만 좀 더 중요한 경우에는 일종의 전자신분증과 같은 역할을 하는 공인인증서를 사용한다.

이 밖에도 암호기술이나 암호시스템에 관한 것도 소개하고 싶지만 암호기술을 이해하기 위해서는 몇 가지 암호학에 대한 기초 지식이 필요한 관계로 생략하기로 한다. 보안은 기술적인 문제가 아니라 관리상의 문제이다. 이 말은 아무리 좋은 기술과 장비를 갖추고 있다고 하더라도 보안 관리와 운영을 철저하게 하지 않는다면 아무 소용이 없다는 것을 의미한다. 컴퓨터공학은 하드웨어나 소프트웨어를 만드는 것만 공부하는 것이 아니라, 정보보호와 같이 실제 사회에서 필요로 하는 다양한 분야에 응용될 수 있는 기술도 함께 공부하는 학문이다.

# 컴퓨터통신 분야를 배워보자

IT기술은 컴퓨터를 사용하여 정보를 교환하면서 발전하게 되었다. 컴퓨터통신은 말 그대로 컴퓨터를 사용하여 통신을 수행하는 모든 기술적인 요소를 의미한다. 앞에서도 이야기한 바 있듯이, 초기에 4대의 컴퓨터로 연결한 것이 지금은 수억 개의 컴퓨터가 인터넷에 연결되어 통신을 수행하고 있다.

통신이 성공적으로 이루어지기 위해서는 통신을 하고자 하는 두 컴퓨터들 간에 통신을 하기 위한 약속이 정의되어 있어야 한다. 우리는 이것을 프로토콜이라고 부른다. 우리가 지금 사용하는 인터넷이라는 이름이 붙게 된 이유는 다음과 같다. 인터넷에서 사용하는 프로토콜들 중에서 한 컴퓨터에서 만들어진 데이터를 다른 컴퓨터까지 전달해 주는 대표적인 프로토콜이 인터넷프로토콜인데, 현재 우리가 사용하는 인터넷망이 이 인터넷프로토콜을 기반으로 하고 있어 이 용어의 앞의 말을 따서 인터넷이라는 말이 붙게 된 것이다.

통신기술들은 전화와 같이 직접 선을 연결하여 통신하는 유선통신에서부터 출발하였다. 전화에서 출발한 유선통신기술은 현재는 인터넷으로 HDTV와 같은 고화질 영화를 볼 수 있는 수준으로 발전하고 있다. 또한, 무선인터넷과 같이 선을 사용하지 않는 무선통신의 다양한 기술들이 등장하고 있는데, 최근에 우리나라가 주도하여 국제표준화를 이룬 와이브로(WiBro)도 무선기술들 중의 하나이다. 컴퓨터통신은 다른 어떤 기술들보다도 우리나라가 국제적으로 기술을 선도할 수 있는 가능성이 매우 큰 분야이다. 이와 같은 내용들을 컴퓨터통신 분야에서 배우게 되는데, 통신의 기초가 되는 과목을 먼저 배우고 난 후에, 다양한 유무선의 통신기술들에 대한 전공과목들을 배운다.

## 컴퓨터통신 과목들

컴퓨터통신은 다른 컴퓨터공학 분야보다도 더 빠른 속도로 발전하고 있다. 불과 몇 개월 차이로 새로운 기술이 등장하고 있고, 어떤 기술들은 경쟁에서 밀려서 사라지기도 한다. 하지만 비록 여러 기술들이 등장하여 진화하고 있더라도, 이 모든 기술들 역시 기초가 되는 기술들을 기반으로 하여 발전하고 있다. 때문에 컴퓨터통신 분야에 입문하기 위해서는 기초기술들을 확실하게 알아야 한다.

대부분의 컴퓨터공학과에서는 컴퓨터통신 분야에 처음 입문하는 학생들을 위해 컴퓨터통신의 기초가 되는 기술들을 소개하는 과목을 제공한다. 이 과목은 다소의 차이는 있으나 대개 '컴퓨터통신', '정보통신개론' 등과 같은 이름으로 불리어진다. 여기에서는 통신의 기반이 되는 신호의 전기적인 표현 형태에서부터, 데이터를 컴퓨터들 간에 주고받는 통신 방식, 근거리통신망(LAN)과 원거리통신망(WAN)과 같이 컴퓨터들을 연결하여 네트워크를 구성하는 방법들과 같은 통신 전반에 대한 내용을 배우게 된다.

이러한 기초 통신 지식을 갖춘 다음에는 지금의 모든 통신기술들이 인터넷을 기반으로 하여 발전하고 있는 만큼, 인터넷망에서의 컴퓨터들 간의 통신에 기본이 되는 TCP/IP 프로토콜들을 소개하는 과목을 배우게 된다. 이 과목의 이름도 대학들마다 다양한데, '인터넷프로토콜', '컴퓨터네트워크' 등과 같은 이름을 대체적으로 사용한다.

이 인터넷프로토콜 과목에서는 우리가 정보검색을 위해 사용하는 웹이 어떻게 동작하는지, 만들어진 정보가 중간에 손실되거나 수신 컴퓨터가 받지 못하면 어떻게 하는지 그리고 이들 정보를 어떤 과정을 통하여 수신 컴퓨터까지 전달하는지와 관련된 전반적인 내용들을 배우게 된다.

이들 두 가지 과목을 이수해야 기본적으로 컴퓨터통신 분야에 첫걸음을 내딛었다고 이야기할 수 있다. 이후에는 선택적으로, 최근에 많은 관심을 보이는 휴대전화 관련 기술을 다루는 '무선통신', 인터넷의 고급과정으로서 '광대역통신망', 음성이나 비디오 같은 멀티미디어 데이터를 압축하고 통신망을 통하여 전달하는 '멀티미디어통신'과 같은 통신 관련 고급과목들을 수강하게 된다.

# 교수님이 알려주는
# 즐겁게 공부하는 방법

## 백문이 불여일견!

책상에 앉아 한참 공부하다 보면 졸음이 오고 집중이 안 된다. 눈으로 공부하지 말고 도구를 사용해 손을 움직여라. 두 점 사이의 거리를 구하려면 바둑판 위에 바둑돌을 올려놓고 눈금을 세어보자. 순서대로 나열하는 경우의 수를 세어보려면 책상 위의 물건들을 가지고 직접 실험해 보자. 피타고라스의 정리를 확인하기 위해 운동장에 삼각형을 그리고 발걸음으로 헤아려 보자. 머릿속에서 상상만 하지 말고 직접 체험해 보자! 실험을 통해 얻은 지식은 결코 쉽게 잊혀지지 않는다.

## 선생님 역할 놀이를 해보자

과제물이 많으면 하기 싫어지는 것은 당연하다. 혼자서 드저히 감당할 수 없으면 친구들과 함께 나누어 보자. 예를 들어 10문제를 5명이 나누어 가지면 각자 2문제만 풀면 된다. 그 대신 10문제 중 나머지 8문제는 다른 친구에게서 배워야 한다. 여럿이 나누면 좋은 점은 그뿐만이 아니다. 내가 정말 잘 알고 있는지 확인해 볼 수 있는 가장 좋은 방법은 다른 사람을 가르쳐 보는 것이다. 친구에게 설명하다 보면 스스로 정리도 되고, 내가 무엇을 모르는지 명확하게 알 수 있다. 학생으로서 마지 못해 숙제를 하는 것이 아니라, 선생님이 되어 친구들에게 내가 풀어본 문제들을 가르치는 즐거움을 느껴보아라.

### 아는 것을 활용해라

학년이 높아질수록 학습할 양도 많아지고 내용도 어려워진다. 게다가 전에 배운 것도 잘 생각이 나지 않고, 아는 문제도 때론 실수하여 틀릴 수 있다. 특히 자기 스스로 기초가 부족하다고 느낄 때 당장 공부하는 것을 포기하거나, 옛날로 돌아가 처음부터 다시 시작할 수도 없다. 기초가 부족하면 채우면 된다. 군이 과거로 돌아가 새로 시작할 필요가 없다.

새로운 내용을 공부하면서 이미 배운 내용을 제대로 알고 있는지 확인해 보는 것이 중요하다. 잘 모르면서 당장 귀찮고 표시 나지 않는다고 지나쳐 버리면 안 된다. 공부하다가 전에 배운 적이 있는 것을 발견하면 반갑게 맞이해 보라. 잊고 지내던 아름다운 추억을 회상하듯이, 전에 공부했던 내용

을 찾아보고 확실하게 기억을 되살리는 것이 곧 기초를 튼튼히 하는 방법
이다. 추억은 언제나 가슴속에 남아있듯이, 지식은 그렇게 하루하루 쌓여
가는 것이다.

## 공부만 하지 마라

맛있는 음식들을 앞에 놓고 한 가지 요리만 먹을 수밖에 없다면 무척이나
괴로울 것이다. 많은 과목들 중에서 한 과목만 집중적으로 공부해야만 한
다면 마찬가지일 것이다. 즐겁고 재미있는 것도 많은데 하루 종일 공부만
하기란 누구나 힘들다. 공부하다 지치면 잠시 책이나 신문을 보는 것도, 음
악을 듣는 것도, 동네 한 바퀴를 산책하는 것도 좋은 생각이다.

공부는 책상 앞에서만 할 수 있는 것이 아니다. 중요한 것은 공부하는 마음
을 완전히 없애버리지 않는 것이다. 운동선수가 병원에서 며칠 동안 누워
있다가 퇴원했다고 곧바로 자기 능력을 100% 발휘할 수는 없다. 공부하는
것은 습관이다. 하루 종일 공부만 하지 않는다면 나머지 시간은 즐겁고 재
미있게 보내야 한다. 그래야 공부도 즐겁게 할 수 있다.

## 때로는 나중으로 미루는 지혜도 필요하다

물건을 고르면서 선뜻 결정하기 어려우면 나중에 사는 것이 좋다. 만일 지
금 당장 필요해서 꼭 사야 한다면 굳이 이것저것 고르는 데 고긴할 필요가
없다. 때로는 단순하게 결정하는 것이 편리할 때가 있다. 내일 드 과목 시험
을 보는데 어느 과목부터 먼저 공부할 것인지 망설여 본 적이 있는가? 결국

어떤 과목을 먼저 시작하든지 간에 시험 보기 전까지 두 과목 모두 시험공부를 마쳐야 한다면 굳이 한 과목을 먼저 선택하는 것은 아무런 의미가 없다. 지금 당장 어렵고 하기 싫은 과목을 억지로 공부할 필요는 없다. 그렇다고 그 과목을 앞으로도 절대 공부하지 않겠다고 결심하는 것은 더욱 어리석은 일이다. 오랜만에 만난 친구가 더욱 반갑게 느껴지듯이, 멀리했던 과목이 언젠가 친근하게 다가올지도 모를 일이다. 만일 지금 당장 해결해야만 할 일이 있다면, 문제를 단순하게 생각해라. 왜 그래야만 하는지 그 이유를 깨닫는 순간, 여러분은 편안한 마음으로 결정을 내릴 수 있을 것이다.

### 지식은 생활 곳곳에 있다!

아무리 열심히 설명해도 상대방이 잘 이해하지 못할 때, 가장 좋은 방법은 그럴 듯한 예를 들어 설명하는 것이다. 공부하다가 어렵고 이해가 되지 않는다면 그 문제에 잘 어울리는 예를 찾아보자. 아무리 생각해 보아도 마땅한 예를 찾기 힘들다면, 여러분의 주변을 잘 살펴보아라.

매일 부딪치는 일상생활 속에 모든 진리가 숨어있다. 농구를 하면서 탄성의 법칙을 이해하고, 정류장에서 버스를 기다리면서

버스노선에 숨겨진 그래프의 특징을 발견해 보아라. 음식을 먹으면서 인체의 소화계통을 그려보고, 영화를 보면서 영화 속의 어느 장면이 컴퓨터 그래픽인지 찾아보아라. 지식은 책 속에서만 있는 것이 아니라 생활 주변 어디에서든지 찾아볼 수 있다.

그렇게 하기 위해서는 매사에 다양한 관심과 흥미를 가지고, 항상 주위에 있는 사람이나 사물에 대하여 호기심을 가지고 자세히 관찰하는 자세가 필요하다. 컴퓨터공학은 종합적인 융합 학문이다. 지금은 누구나 일상생활을 위해 컴퓨터를 사용하는 시대일 뿐만 아니라, 업무상 컴퓨터를 사용하지 않는 분야는 거의 없기 때문이다.

## 신나는 세계대학 탐방

우리나라에도 많은 대학에 컴퓨터공학 관련 학과들이 있듯이 미국이나 다른 나라의 대학에도 컴퓨터 관련 학과들이 있다. 범용 컴퓨터의 역사가 미국에서 시작되었기 때문에 유명한 컴퓨터 전공 관련 대학들이 대부분 미국에 위치하고 있다. 물론 이 대학들은 컴퓨터뿐만 아니라 이공계의 타 전공에서도 그 지명도가 높다. 대표적으로 스탠퍼드 대학, MIT 대학, 카네기멜론 대학, 버클리 대학, UCLA, USC 등이 있다.

이들 대학 중에서 특정 분야에서 유명한 대학을 몇 개 소개하고자 한다. 그리고 특별한 교육 방식으로 잘 알려진 프랑스 에콜 폴리테크니크(Ecole Polytechnique)를 살펴보도록 하겠다.

### 1. MIT 대학(미국)

MIT는 공학 전반에서 최상위권 대학에 속하는 것은 물론, 미국뿐만 아니라 전 세계의 인재들이 모이는 곳으로 널리 알려져 있다. 역시나 컴퓨터공학 분야에서도 MIT가 갖는 영향력은 크다. 특히 세 가지 점에서 그 영향력을 인지할 수 있다.

첫째, 인공지능 분야의 개척자라 할 수 있는 마빈 민스키 교수가 MIT에 있다. 이 분은

인공지능 외에도 인지심리학, 수학, 계산 언어학, 로봇 등의 분야에서 많은 영향을 끼쳤다. 1980년대 중반에 발표된 'Society of Mind' 이론으로 유명한데, 이는 지능은 지능적이지 않은 것들의 상호작용으로 만들어질 수 있다는 이론으로 컴퓨터와 비디오카메라, 로봇 팔을 결합하여 어린아이들이 갖고 노는 블록 쌓기를 할 수 있는 장치를 개발하는 과정에서 만들어졌다.

둘째, 네트워크를 운영하는 데 기본이 되는 프로토콜의 설계자로 유명한 데이비드 클라크 교수가 있다. 이 분은 1981년부터 1989년 사이에 인터넷을 구축하는 데 핵심 프로토콜 설계자로 활동했다. 인터넷을 통해서 비디오 방송이나 오디오 방송 등과 같이 실시간 데이터를 전송하기 위한 방안들을 개발하였으며, 인터넷 운영과 관련된 정책과 경제적인 논점 등에 대한 해결 방안들을 제시하는 활동을 하고 있다.

셋째, MIT의 대학원 과정에 미디어랩이 있다. 미디어랩은 컴퓨터와 사람 사이의 인터페이스 기술에 있어 혁신적인 아이디어를 만들어 내고 이를 구체적으로 실현해 낸다는 점에서 유명하다. 컴퓨터 전공 외에 인문학 분야 등과 같이 다양한 분야의 전공자들이 모여서 보다 나은 미래를 위한 기술들을 개발하는 데 노력하고 있다. 특히 컴퓨터기술과 예술이 접목되는 분야의 기초 연구와 응용을 개발하기 위한 환경을 제공하고 있다. 인공지능 분야의 소프트웨어 에이전트, 사람과 같이 인지하는 기계, 시각 능력을 가진 기계, 음성을 인식하는 컴퓨터, 입을 수 있는 컴퓨터, 촉각이 있는 매체, 인터랙티브 영화, 공간 이미지, 나노매체, 나노 규모의 감지 능력 등 다양한 분야에서 상당히 앞선 기술들을 개발하고 있다. 최근에는 알츠하이머

병 환자들이나 노약자들을 관찰하고 적절한 조치를 취할 수 있는 로봇과 의족, 의수를 개발하는 데 주력하고 있다.

## 2. 카네기멜론(CMU) 대학 (미국)

카네기멜론 대학도 컴퓨터공학뿐만 아니라 타 공학 분야에서도 유명한 대학이다. 컴퓨터공학 분야의 특징을 얘기하자면 소프트웨어공학 분야에서 특히 유명하다. CMU에서 개발한 CMMI(Capability Maturity Model Integration)를 우리말로 하면 역량 성숙도 모델 통합이라 할 수 있는데 어떤 임의의 시스템 개발 조직이 개발 절차를 얼마나 체계적으로 잘 갖추고 있는가를 평가하는 기준으로서 세계적으로 널리 사용하고 있다. 각 소프트웨어 업체별로 세계적인 시스템 개발 과제를 받기 위해서는 세계적으로 인증된 기준에 맞게 개발하고 있다는 것을 검증받아야 하기 때문에, 국내 유수한 소프트웨어 개발 회사들도 CMMI의 높은 등급 인정을 받기 위해 노력하고 있다.

이러한 세계적인 평가 기준으로 사용되는 CMMI를 개발하고 주도적으로 관리하는 것에서도 알 수 있듯이 소프트웨어공학 분야의 교육은 CMU의 특화 분야라 할 수 있겠다. 물론, 이것은 대학원 과정의 교육이고 학부 과정의 교육은 타 대학과 크게 다르지 않다. 소프트웨어공학 교육은 ISRI(Institute for Software Research International)와 SEI(Software Engineering Institute)에서 관장

미리 체험해 보는
컴퓨터공학과 수업

한다. 소프트웨어 시스템의 구조, 소프트웨어 구성요소 분석, 소프트웨어 개발과정 관리, 소프트웨어 시스템 모델 등의 필수 과목을 중심으로 교육을 진행한다. 또한 전 세계적으로 소프트웨어 설계사 혹은 소프트웨어 개발 관리자들에 대한 수요가 높은 데 비해 전문 인력이 크게 부족하므로, 원격 교육 프로그램을 개발해서 협약을 체결한 다른 대학의 학생들도 컴퓨터를 사용해서 원격으로 석사 과정의 교육을 받을 수 있다.

## 3. USC (미국)

USC는 1970년대 초부터 지금까지 네트워크와 보안 분야에서 오랫동안 핵심적인 기여를 했다는 점에서 유명하다. 인터넷 분야에 크게 기여한 인물인 존 포스텔, 폴 모카페트리스, 대니 코헨 등이 USC에서 근무했다. 존 포스텔과 폴 모카페트리스가 도메인 네임 시스템을 만들었으며, 존 포스텔은 1998년 사망하기 전까지 도메인 네임 시스템의 최고 관리자로 있었다.

이 외에도 USC의 연구원들과 교수들에 의해 현재 인터넷의 근간이 되는 많은 프로토콜들이 개발되었다. 인터넷 서비스 사용의 핵심이 되는 TCP/IP, 이메일 서비스의 기반이 되는 SMTP, 보안 암호화 기법의 중요기술인 Kerberos, 멀티캐스트 기술인 PIM, 차세대 인터넷 기술인 IPv6, 비디오 데이터 전달을 의한 RSVP, 보안 기법의 핵심기술인 PKI, 네트워크 기술 검증을 위해 사전 평가 도구인 ns2 등이 USC에서 개발된 기술들이다.

또한 대부분의 대학들이 컴퓨터공학 혹은 컴퓨터과학 전공을 학사 과정으로 제공하지만 USC에서는 다음의 연계 전공을 제공하고 있다.

**BS in Computer Science (Games)** 컴퓨터와 게임을 결합한 전공

**BS in Computer Science and Business Administration (CSBA)** 컴퓨터와 경영학을 결합한 전공

**BS in Computer Science (CSCI)** 컴퓨터 전공

**BS in Computer Engineering and Computer Science (CECS)** 공학과 컴퓨터를 결합한 전공

그리고 각 전공마다 주안점으로 하는 교육 내용이 다르기 때문에 컴퓨터와 관련해서는 일부 유사한 과목들이 있지만, 필수요구 과목에서 다소 차이가 있다. 예를 들어 Games 과정에서는 컴퓨터에 관련된 과목 외에도 비디오게임 프로그래밍, 게임 설계, 비디오게임의 인공지능, 비디오게임 그래픽 등 게임 개발에 필요한 과목들을 수강해야 한다. 또한 CSBA 과정에서는 컴퓨터에 관련된 과목 외에도 경영에 관련된 마케팅, 회계학, 대화 정책 등 경영 관련 과목들을 수강하도록 하고 있다.

### 4. 에콜 폴리테크니크(Ecole Polytechnique) (프랑스)

프랑스의 에콜 폴리테크니크는 컴퓨터공학 분야에서 유명하다기보다는 교육 방식이 특이해서 소개하려고 한다. 에콜 폴리테크니크는 우리나라의 대학교와는 다른 체계를 가지고 있다. 타 학교에서 2년의 교육을 받은 학생들을 대상으로 교육을 시행한다는 것이다. 즉, 대학교 3~4학년 과정과 대학원 석사 과정을 이어놓은 과정이라고 할 수 있다. 에콜 폴리테크니크의 중요한 교육 특징은 철저한 이론 교

육과 함께 4년 교육 과정 중 15개월을 현장실습에 할애한다는 점이다. 단순하게 컴퓨터 관련 기술을 가르친다기보다는 타 분야의 전문가와 협력하여 일할 수 있는 소수의 컴퓨터 전문가를 양성하는 것을 그 목적으로 하고 있다.

입학 후 첫 1년은 일반 교육과정으로서 군이나 비정부 민간단치, 지역 등에서 리더십을 키우기 위한 활동을 한다. 그리고 과학과 과학에 대한 ㅇ해와 관심을 넓히기 위한 교육을 받는다. 2학년에 가서 개인별로 전공 분야를 선택해서 기초과목들을 수강한다. 또한 전공 관련 학습 활동 외에 운동, 레저, 세미나, 동아리 활동 등을 통해 대화하는 기술과 능력을 키우도록 한다. 3학년 때 전공 분야를 더욱 깊이 학습할 수 있도록 하고, 3~5개월 정도 인턴십을 수행하여 브고서를 최종적으로 제출하고 교수님들과 전문가들 앞에서 발표하도록 한다. 모드 과학 분야의 전문적인 지식을 갖춘 후 전공 분야를 선택하도록 해, 사회에 대한 폭넓은 이해를 가진 전문가를 양성하기 위해서이다.

# 컴퓨터공학으로 미래를 상상하자

# 컴퓨터공학을 공부하면 어떤 전문가가 될까?

지금까지 컴퓨터공학과에서 무엇을 배우는지에 대해 알아보았다. 그렇다면, 컴퓨터공학을 전공한 후에는 어떤 일을 하게 될까? 컴퓨터공학을 전공한 사람들이 하고 있는 대표적인 전문 직업들을 보면 다음과 같다.

| 대표적인 전문 직업 | |
| --- | --- |
| 컴퓨터 하드웨어 개발 | 정보보안시스템 개발 |
| 컴퓨터시스템 소프트웨어 개발 | 멀티미디어 응용 및 서비스 개발 |
| 컴퓨터 응용 프로그램 개발 | 정보통신기술 개발 |
| 웹서비스 개발 및 운용 | 정보가전기술 개발 |
| 컴퓨터시스템 운용 | 융합기술 개발 |

그럼 이번에는 이 직업들이 컴퓨터공학의 전문 분야별 공부 내용과 어떤 연관성이 있는지 살펴보자. 모든 컴퓨터공학의 전문 분야는 이론을 바탕으로 하고 있다.

컴퓨터공학으로
미래를 상상하자

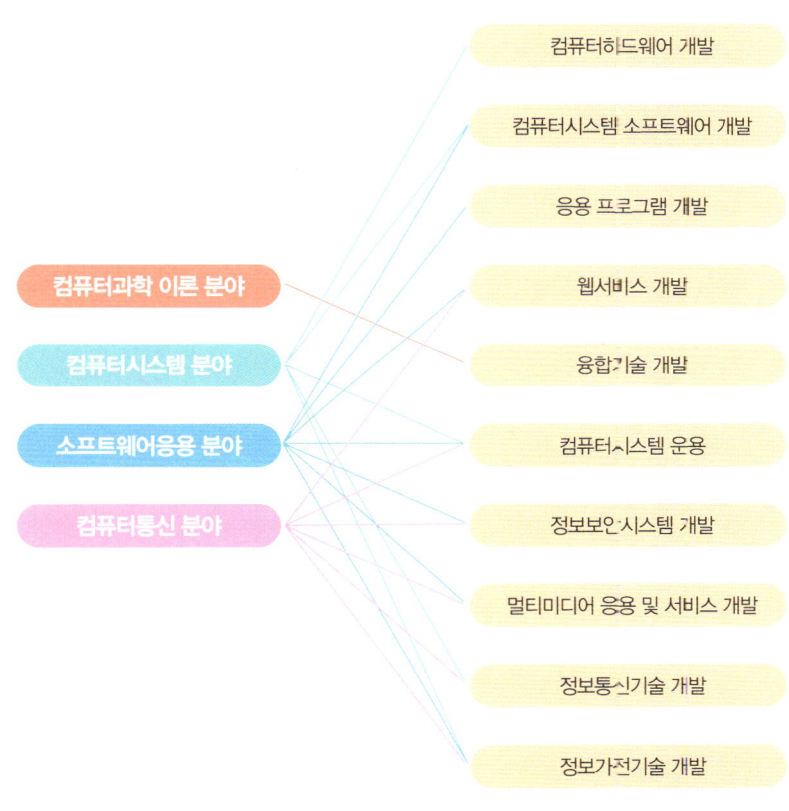

**직업과 분야 연계표**

자, 그렇다면 각각의 직업들은 어떤 일을 하고, 어떤 특징이 있는지 지금부터 더욱 자세하게 알아보기로 하자.

**컴퓨터 하드웨어 개발 '무엇이든 원하는 것은 다 만든다'**

컴퓨터는 우리가 일반적으로 사용하는 컴퓨터와 특정 기능을 제공하는 임베디드 시스템으로 분류할 수 있다. 이들 컴퓨터의 하드웨어는

점차 소형화되면서 여러 첨단 기능을 복합적으로 제공하고 있다. 예를 들어, 이제는 익숙해진 DMB(Digital Multimedia Broadcasting, 디지털 멀티미디어 방송)는 통신기능과 방송기능을 복합적으로 제공하여, 언제 어디서나 이동하면서 TV를 볼 수 있도록 해준다.

최근 휴대전화는 DMB 기능을 갖추고 있는 것은 물론 무선랜 접속으로 이메일과 웹서핑이 가능하도록 되어 있다. 뿐만 아니라 개인 일정 관리 등의 다양한 오피스 기능도 제공한다.

이 모든 것이 컴퓨터 하드웨어의 개발로 가능해진 것들이다. 정보통신기술의 발달로 금융, 통신, 의료, 국방, 자동차, 물류 등의 많은 분야에서 다양한 형태의 컴퓨터시스템들이 요구되어지고 있다. 이러한 요구에 맞추어 첨단 기능을 갖춘 값싸고 안정되게 동작하는 컴퓨터시스템·단말과 부속장치들을 개발하기 위해 컴퓨터 하드웨어 개발자들은 열심히 연구하고 있다.

컴퓨터 하드웨어 개발자들은 대부분의 전기전자 컴퓨터 관련 기업들과 기계, 자동차 등의 연관 회사에서 연구와 개발 업무를 수행한다.

컴퓨터공학으로 미래를 상상하자

# 컴퓨터 하드웨어

모든 컴퓨터들은 CPU(central processing unit, 중앙처리장치)와 메인 메모리를 기본으로 구성된다. 여기에 다양한 모니터, 키보드, CD-ROM 등의 주변장치를 연결하여 사용하게 된다. 컴퓨터의 핵심은 CPU로서 CPU의 처리속도(예를 들어, 1.4GHz)로 컴퓨터의 성능을 표현하게 된다. 따라서, 우리가 잘 아는 인텔이나 AMD와 같은 CPU 전문 회사들은 CPU의 속도를 더 빠르게 하기 위해 치열하게 연구하고 있다.

그러나, 컴퓨터 하드웨어 장치에 무조건 빠른 CPU를 사용할 필요는 없다. 속도가 빠르면 그만큼 가격이 비싸기 때문이다. 따라서 만들고자 하는 컴퓨터 장치의 용도에 따라 CPU를 결정하면 된다. 우리가 많이 사용하는 휴대전화나 PDA 등은 대개 수백 MHz의 속도를 갖는 CPU를 사용한다.

컴퓨터 하드웨어 개발자들의 연구는 개발하고자 하는 장치의 용도에 맞추어 기본적인 CPU-메모리 구조에 필요한 주변장치를 갖추고, 응용 소프트웨어들이 원활히 구동되도록 하는 데에 초점이 맞추어진다. 컴퓨터 하드웨어는 우리가 일상적으로 보는 컴퓨터 외에 PDA와 같은 통신장치뿐만 아니라, MP3 플레이어, 로봇 등에 이르기까지 매우 다양하게 존재한다.

## 컴퓨터시스템 소프트웨어 개발 '컴퓨터를 컴퓨터답게 한다'

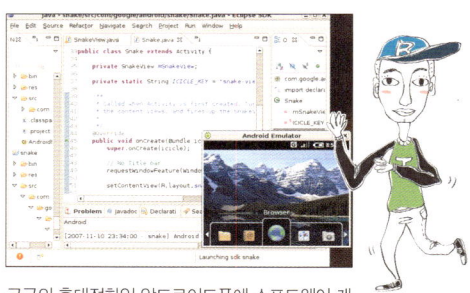

모든 컴퓨터시스템 하드웨어는 소프트웨어의 제어를 통하여 동작한다. 이 소프트웨어는 크게 두 가지로 구성된다. 시스템 소프트웨어(system software)와 응용 소프트웨어(application software)가 그것이다.

구글의 휴대전화인 안드로이드폰에 소프트웨어 개발 툴을 사용하여 구글 맵스 접속 서비스 개발 프로그램을 작성하는 모습으로, 휴대전화가 없어도 동작을 확인할 수 있도록 에뮬레이터(emulator)가 부속되어 있어서 실제 폰에서 프로그램하는 것과 동일한 효과를 얻을 수 있다.

시스템 소프트웨어는 컴퓨터 하드웨어를 직접 제어하고 응용 소프트웨어들이 정상적으로 동작하도록 제어해 준다. 우리가 흔히 말하는 운영체제(Operating System, OS)가 바로 이것이다. 윈도우즈, 리눅스, 맥OS 등이 이러한 운영체제에 해당한다.

최근에는, 휴대용 멀티미디어 재생장치인 MP3 플레이어와 같이 특수한 목적을 갖는 소형화된 제품들(임베디드 시스템)이 많이 생산되고 있어서 이에 맞는 시스템 소프트웨어 개발 역시 활발히 진행되고 있다. 이러한 운영체제는 마이크로소프트 등과 같이 운영체제를 전문으로 개발하는 업체들에서 만들어지고 있다.

컴퓨터공학으로
미래를 상상하자

시스템 소프트웨어 프로그래머들은
전문 개발 업체나, 이에 관련된 기업체와
연구소 등에서 일한다.

**컴퓨터 응용 소프트웨어 개발 '컴퓨터로 사람들이 원하는 일을 하도록 한다'**

응용 소프트웨어는 우리가 일반적으로 컴퓨터에서 사용하는 프로그램들이다. 웹브라우저, 워드프로세서, 게임, 그래픽, 멀티미디어 프로그램들이 이에 해당한다. 이들은 베이직, C/C++, Java 등과 같은 일반적인 프로그램 언어를 사용하여 개발되며, 대부분의 소프트웨어 회사들이 응용 소프트웨어를 개발하고 있다고 보면 된다

무엇보다 응용 소프트웨어는 안정되고 빠르게 동작하는 것이 중요하다. 이를 위해 개발자는 프로그래밍 기술 외에 자료구조, 알고리즘과 같은 컴퓨터과학의 이론적인 기반을 갖추어야 한다. 그리고 무엇보다도 컴퓨터공학의 지식 이외에 많은 창의적인 상상력이 있어야 한다.

게임 프로그램을 만든다고 가정해 보자. 모든 게임 프로그램은 상상에서 시작된다. 그 상상을 바탕으로 시나리오와 다양한 상황을 만들어 내고, 이것을 프로그래밍하여 만들어 내는 것이다. 그러니 응용 소프트

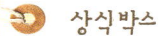

## 소프트웨어의 중요성

〈중앙SUNDAY〉에 연재되는 고려대학교 인호 교수님의 컴퓨터 이야기 중에서 소프트웨어의 중요성을 이야기한 내용 하나를 소개할까 한다.

"한 공군 중령이 기대에 부푼 얼굴로 미국 록히드마틴사의 기술자를 기다리고 있었다. 이날은 공군의 최정예기를 한 단계 업그레이드하는 날이다. 이미 500만 달러(약 47억 원) 이상을 지불했다. 그런데 그 기술자는 007가방에 달랑 디스크 한 장만 들고 오는 것이 아닌가.
그는 컴퓨터에 디스크를 넣고 전투기에 연결하더니 30여분 만에 업그레이드가 끝났다고 했다. 이전에는 전투기가 한 번에 오직 한 대의 적기를 겨냥할 수 있었는데 이젠 동시에 여러 대의 적기를 겨냥할 수 있다는 친절한 설명에 그 중령은 한동안 멍하니 서있을 수밖에 없었다고 한다."

위의 이야기는 소프트웨어의 중요성을 강조하는 일화이다. 47억 원짜리의 가치가 담겨있는 작은 디스크 한 장. 여기에서 볼 수 있듯이 소프트웨어는 용도에 따라 무한한 가치를 보여준다. 우리가 소프트웨어를 고부가가치 산업이라고 부르고, 이를 적극적으로 육성하려는 이유가 바로 여기에 있다.

웨어 개발자들에게 상상력과 창의력은 갖춰야 할 매우 중요한 자질이라 할 것이다.

또한, 오피스 제품들은 사람들이 어떤 것들을 필요로 하고, 어떤 것들을 만들면 좋아할까를 끊임없이 고민하고 상상한다. 그리고 이것을 제품에 적용한다.

## 웹서비스 개발과 운용 '인터넷을 멋있게 활용한다'

개인이나 기업들이 광고를 위하여 인터넷을 많이 사용하고 있다. 최근에는 싸이월드와 같은 블로그와 UCC(User Created Contents, 사용자 제작 콘텐츠)의 활용이 새로운 인터넷 사용 환경과 문호를 창출해 가고 있다. 이와 같이 온라인상의 다양한 활동을 가능하게 해주는 것을 바로 웹서비스라고 한다.

웹서비스 개발하면 제일 먼저 떠오르는 것이 웹디자인일 것이다. 웹디자인을 하는 웹디자이너들은 개인이나 기업의 이미지를 홍보하기 위해 홈페이지를 멋있게 꾸미고, 사용이 쉽도록 해준다. 웹디자인은 컴퓨터공학보다는 예술적인 능력과 다양한 웹 기능들을 잘 사용하는 것이 매우 중요하다.

보편적으로 웹서비스는 인터넷상의 모든 커뮤니케이션 응용을 지원해 주는 소프트웨어 시스템을 지칭한다. 즉, 웹서비스를 사용하여 홍보는 물론, 전자상거래, 인터넷전화, 인터넷뱅킹, 홈쇼핑, 블로그 커뮤니티, 원격회의 등 다양한 형태의 인터넷을 활용한 서비스를 사용

웹을 활용한 원격회의

할 수 있다.

특정 서비스별로 사용이 편하고 관리와 운용이 용이하도록 웹디자인에서부터 응용 서비스들을 개발하는 것이 바로 웹서비스 개발자들의 역할이다. 웹서비스 개발자가 되기 위해서는 HTML, XML 등의 웹디자인을 위한 언어와 데이터베이스, PHP, Java Servlet, JSP 등의 지식을 익혀야 한다.

**컴퓨터시스템 운용 '우리 회사의 컴퓨터들은 내가 있음으로 문제가 없다'**

기업이나 은행 등에는 직원과 고객을 관리하기 위한 전산실을 운용하고 있다. 전산실에는 많은 컴퓨터시스템들과 통신장비, 보안장비 등

의 여러 시스템들이 들어있는데, 여기에 직원과 고객의 정보와 회사의 주요 정보가 보관되어 있다.

기업의 업무자동화, 경영자동화 등의 전사적자원관리(ERP), 금융권의 종합자산운용시스템(TAMS)이 모두 전산실에서부터 시작된다고 볼 수 있다. 전산기기를 도입하는 등의 계획을 세우거나 정보화 체제를 구축하기 위한 종합계획을 수립하는 것 역시 전산실에서 이루어진다.

컴퓨터시스템의 운용에서 데이터베이스의 관리는 매우 중요하다. 데이터베이스는 수집한 정보를 쉽게 접근하여 처리하고 갱신할 수 있도록 관리해 주는 시스템이다. 개인과 기업의 정보를 효율적이고 안정적으로 이용하기 위해서는 데이터베이스를 사용할 수 있는 관리 체계를 갖추어야 한다. 또한 데이터베이스를 유지, 보수하고 개선하면서 운영을 통제하며 이용을 지원하여야 한다.

컴퓨터시스템 운용의 또 한 분야는 시스템통합(SI, System Integration)이다. SI는 고객의 업무 환경과 요구에 맞추어 가장 적합한 IT시스템을 구축하고 운영 유지 보수의 종합 시스템 운용 서비스를 제공한다. SI가 제공한 서비스를 통해 고객이 목표를 달성할 수 있도록 도와주는 것이다. SI는 공공, 물류, 교통, 통신, 국방, 제조 등 다양한 분야에서 이루어진다. SI의 전문가가 되기 위해서는 컴퓨터 하드웨어, 소프트웨어, 응용 서비스, 통신 등 컴퓨터공학과 관련된 전반적인 기술과 지식을 갖추어야 한다.

## 정보 보안 시스템 개발 '컴퓨터시스템과 정보를 지킨다'

컴퓨터시스템이 정상적으로 동작을 못 하도록 하는 프로그램을 바이러스라 하고, 이러한 일을 하는 사람들을 크래커라고 한다. 또한 컴퓨터시스템 내의 정보를 불법으로 찾아내어 사용하려는 사람들을 해커라고 한다.

컴퓨터 보안전문가는 바로 바이러스, 크래커와 해커의 접근을 막고 이들로부터 컴퓨터시스템을 보호하는 일을 한다. 컴퓨터 보안전문가들은 대부분 보안시스템 개발업체나 컴퓨터백신 개발업체, 정보보안 컨설팅업체 등에서 근무한다. 이들은 보안정책을 수립하고, 정보보안에 대한 예방책을 세우며, 시스템에 대한 접근과 운영을 통제한다. 또한 바이러스나 외부의 침입이 발생했을 때 빠르게 탐지해 대응하거나 손상된 시스템을 복구하는 일을 한다.

컴퓨터시스템보안 전문가가 되기 위해서는 컴퓨터시스템의 하드웨어와 운영체제, 네트워크는 물론 프로그래밍과 데이터베이스, 바이러스, 크래킹 기술 등 컴퓨터시스템 전반에 걸친 넓고 깊은 지식이 필요하다. 그래서 일반적으로 컴퓨터 업계에서도 컴퓨터 보안전문가라고 하면 최고의 컴퓨

한국정보보호진흥원의 홈페이지 모습
http://www.kisa.or.kr/index.jsp

컴퓨터공학으로
미래를 상상하사

터 실력을 가진 사람으로 인정받을 정도다.

인터넷 쇼핑몰과 인터넷뱅킹, 인터넷을 통한 고객관리와 회원관리가 점차 보편화되면서 그에 따라 해킹 사고가 큰 폭으로 증가하고 있다. 그런 만큼 컴퓨터 보안전문가의 수요는 지속적으로 늘어날 것이다.


**멀티미디어 응용과 서비스 개발 '보고 듣는 것만이 전부는 아니다'**

멀티미디어는 말 그대로 소리, 영상, 데이터, 그래픽 등 여러 미디어 요소가 결합된 형태를 의미한다. 소리와 영상이 동시에 제공하는 TV 나 멀티미디어 플레이어, 소리, 데이터, 그래픽이 연관되어 제공되는 게임 등이 대표적이다. 이러한 멀티미디어는 최근 교육, 게임, 방송 등 다양한 분야에서 요구된다.

멀티미디어 콘텐츠 제작은 시나리오에서부터 제작 틀의 선정, 제작 작업 등의 과정을 거쳐 이루어진다. 최근 들어 UCC의 열풍이 불면서 이러한 멀티미디어 콘텐츠는 전문가뿐만 아니라 일반 사람들도 제작 이 가능하게 되었다.

멀티미디어 분야는 콘텐츠 제작뿐만 아니라, 데이터 압축과 표현을 위한 전문 기술 분야까지 포함한다. 일반적으로 소리나 영상은 데이 터양이 많기 때문에 압축을 하여야 통신망을 통하여 전달할 수 있고 컴퓨터에서도 무리 없이 처리된다. 우리가 잘 보는 디지털TV(DTV)는 MPEG-2라는 압축방식을 사용하는데, 최근에는 MPEG-4와 같은 고압 축 방법이 사용되고 있다. 압축 방법 역시 끊임없이 발전하여 압축률을 높이면서 품질 또한 높일 수 있는 방법들이 활발히 연구되고 있다.

잘 만들어 놓은 멀티미디어 정보를 잘 활용하는 것도 매우 중요한 일 중의 하나이다. 예를 들어, TV 뉴스 중에 관련 자료를 배경화면으로 보여주려면, 예전에는 비디오테이프에 녹화된 것을 찾아서 보여주었다. 하지만, 이제는 자료들이 데이터베이스에 저장되어 있어, 원하는 키워드만 넣으면 자동으로 원하는 자료가 보인다. 심지어는 여러 화면을 합성하여 보여주는 것도 가능하다. 이와 같이, 멀티미디어 자료를 관리하고 활용하는 것도 멀티미디어의 전문 분야 중 하나이다.

멀티미디어 전문 지식을 갖춘 사람들은 졸업 후 컴퓨터 개발 기업체, 컴퓨터 게임 소프트웨어 개발 업체, 교육용 소프트웨어 개발 업체 등의 컴퓨터 관련 기업체뿐만 아니라 홈쇼핑, 애니메이션, 영상 관련 산업, 신문사, 방송국, CATV 등의 방송·언론 기관, 광고 업체 등 다양한 방면으로 진출할 수 있다.

**정보통신기술 개발 '언제 어디서나 원하는 정보를 구할 수 있다'**

정보통신의 발전은 눈부실 정도로 빠르게 이루어지고 있다. 통신기술의 발전으로 우리는 장소와 시간에 구애받지 않고 통신할 수 있으며, 원하는 정보를 구할 수 있다.

통신이 이루어지기 위해서는, 컴퓨터, 휴대전화와 같은 사용자 단말, 라우터와 같은 통신망장치, 그리고 이들을 상호 연결하는 유무선의 장치들이 필요하다. 정보통신을 전문으로 하는 사람들은 이러한 통신

컴퓨터공학으로
미래를 상상하자

요소 장치들에 대한 지식을 갖추어, 이들이 효율적으로 연결할 수 있도록 기술을 개발한다.

최근에는 무선통신에 대한 요구가 많아져 무선통신 관련 기술들을 활발히 개발하고 있다. CDMA, 무선랜, HSPDA, 와이브로, DMB 등은 우리의 귀에 익은 무선통신기술이다. 실제로는 이보다 더 많은 종류의 무선통신기술들이 사용되고 있으며, 지속적으로 사로운 기술 개발이 이루어지고 있다.

통신의 궁극적인 목적은 모든 사람과 사물들 사이에 통신기능을 하는 장치를 부여하여 시간과 장소에 구애받지 않고 정보를 교환할 수 있도록 하는 데에 있다. 이와 같은 통신 환경을 유비쿼터스 통신이라고 한다. 이전에는 정보를 찾기 위해서는 통신단말을 통하여 정보가 있는 컴퓨터에 접속하여야 했다. 하지만 유비쿼터스 통신 환경에서는 사용자가 필요한 정보에 대한 정의만 해놓으면, 관련된 정보를 다루는 통신 장치들이 알아서 정보를 찾아 제공하여 준다 사용자는 확인만 하면 되는 것이다.

유비쿼터스 의료 환경은 어떨까? 사람의 몸에 건강을 체크하는 센서들이 부착되어 자동으로 건강상태를 확인해 준다. 그리고 그 결과를 사람과 병원에게 수시로 알려준다. 유비쿼터스 가정에서는 온도 등의 실내 환경과 가전제품이나 방범장치 등에 원하는 설정을 해놓으면 사람이 별도로 조작하지 않아도 가정 내의 여러 장치들이 알아서 실내 환경을 조절하고 가전제품을 제어하며, 방범을 담당하는 것이다.

앞으로 향후 10년간은 유비쿼터스 통신 기술이 IT기술을 선도할 것이다. 대부분의 정보통신 기업, 연구소, 정부기관이 유비쿼터스 통신 기술을 선도하기 위해 집중적으로 연구, 개발하고 있다.

정보통신은 국제적으로 표준을 만드는 것이 매우 중요하다. 표준이 있어야 서로 다른 나라에서 개발한 제품을 함께 사용할 수 있기 때문이다. 국제 표준은 각국에서 만든 기술들을 국제 표준화 회의에 제안하여 다른 나라의 기술들과 경쟁하여 결정된다. 한 나라의 기술이 국제 표준으로 채택되면, 그 나라의 기술력을 떨치게 되는 것이고, 더불어 시장을 선점하여 국가경제에 크게 이바지할 수 있게 된다. 최근에 우리나라에서 개발한 기술이 국제 표준으로 채택된 것이 있다. 바로 와이브로이다.

이처럼 여러 기업과 연구소, 그리고 정부기관의 정보통신 전문가들이 우리가 개발한 정보통신기술들을 국제 표준으로 인정받기 위해 많은 노력을 하고 있다.

### 정보가전기술 개발 '가전제품에 지능을 불어넣다'

원래 가전제품은 전기나 전자공학의 영역이었다. 하지만 점차 가전기기에 컴퓨터공학과 IT 기술이 접목되면서 가전제품들은 단순한 역할

이 아니라, 사람의 편이성을 제공하여 주는 존재로 탈바꿈하고 있다. 가전제품에 통신기능과 제어기능을 부가한 것을 정보가전 (Information Appliance)이라고 한다.

정보가전 제품들은 이동형 단말기를 통해 네트워크로 연결하여 감시와 제어가 가능하다. 예를 들어, 인터넷 냉장고는 냉장고 기능 외에 냉장고 내의 음식물들과 식재료들의 상황 등을 원격(시장)에서 실시간 모니터링하여 필요한 음식물들을 준비할 수 있게 한다. 또한 저장이 오래된 것들에 대한 정보를 제공하여 신선한 상태가 유지되도록 해준다. 디지털TV를 사용하여, 인터넷뱅킹과 원격화상회의도 가능하게 되며, 집 안의 모든 정보가전 제품들의 상황을 점검할 수도 있다. 정보가전은 가전제품뿐만 아니라 자동차, 지능형 로봇에도 적용된다. 최근에는 자동차의 첨단 제어 시스템과 청소로봇 같은 가정용 로봇들이 많이 개발되고 있다.

정보가전은 미래 유망 신기술 영역에 속한다. 그런 만큼 이에 대한 수요는 매우 커질 것이다. 현재 정부의 지원하에 많은 기업과 연구소들에서 집중적으로 개발하고 있다.

**융합기술 개발 '모든 학문 분야에 컴퓨터공학이 연관되지 않는 데는 없다'**
생명공학, 환경공학, 나노공학 등은 향후 과학기술을 선도할 미래 유망 공학기술 분야들이다. 이들 분야에는 많은 컴퓨터공학 전문가들이 함께 참여하여 선도기술을 연구 개발하고 있다. 컴퓨터공학의 알고리즘, 소프트웨어, 데이터베이스, 인공지능, 정보통신이 이러한 기술들과 융합되어 새로운 기술을 창출해 내고 있는 것이다. 컴퓨터공학 기술은 모든 학문 분야의 기초기술로 자리 잡아가고 있다.

이러한 경향은 의공학·생명공학 분야에서 제일 활발하게 이루어지

## 생명공학 등의 기술을 도입한 미래기술

DNA 컴퓨터 (컴퓨터+생명공학)
정보를 처리하는 데 DNA의 분자구조 결합방식을 활용하면 현재의 어떤 컴퓨터보다 훨씬 빠른 데이터 처리 능력을 지닌 컴퓨터를 만들어 낼 수 있다. 이러한 기술을 발전시켜 인체에 투입할 수 있는 극소형 DNA 컴퓨터를 제작해 질병을 관찰하고 예방할 수 있기를 기대한다.

인공지능 소프트웨어 (컴퓨터+뇌과학)
인간의 뇌와 비슷한 지각 능력을 지닌 인공지능 소프트웨어를 개발해 질문에 답할 수 있는 능력을 가진 컴퓨터를 만들기 위해 노력하고 있다. 이렇게 되면 컴퓨터 사용이 더욱 편리해질 것이다.

스마트센서 (컴퓨터+생명공학+나노공학)
스마트센서는 제3세대 반도체이다. 이를 통해 생체공학적 인공귀를 작동시키고, 도로 교통량에 따라 자동적으로 신호 체계를 변화시키는 시스템을 제어하며, 인체의 열을 동력으로 이용하는 손목 컴퓨터를 만들 수 있다.

컴퓨터공학으로
미래를 상상하자

고 있다. IT와 의료 서비스를 결합한 원격의료 서비스, 생명공학 정보
와 컴퓨터의 정보표현 방법이 결합된 바이오 인포매틱스 등이 대표적
이다.

컴퓨터공학 분야에서도 생명공학 등의 기술을 도입한 미래기술에 대
해 활발히 연구, 개발하고 있다.

## 다양한 분야에서 활동하는 컴퓨터공학 전문가들

컴퓨터공학 전공자들은 엔지니어 이외에 교사, 공무원, 군무원, 변리
사, 기업의 경영부서, IT 컨설턴트 등 다양한 직종에 근무할 수 있다.
초, 중고등학교에서 컴퓨터 교육을 강조하면서, 많은 교사들이 컴퓨
터공학을 부전공으로 지원하고 있다. 컴퓨터교육학과는 컴퓨터과학
과 공학적인 요소를 모두 가르치고 있다.

또한 정부에는 지식경제부 내에 IT를 기반으로 한 국가정책을 관장하
는 부처가 있어서, 컴퓨터공학을 전공한 수많은 공무원들이 그곳에서
일하고 있다. 컴퓨터공학 관련 공무원 직종으로는 전산직 공무원 7급
과 9급이 있고, 전산직 기술고시를 통하여 5급 공무원으로 임용이 될
수 있다.

국방 분야에서도 미래 군작전을 IT 기반으로 수행하는 네트워크중심
전(NCW, Network Centric Warfare)의 실현을 위하여 노력하고 있
다. 이를 위해 컴퓨터공학을 전공한 군무원을 다수 채용하고 있으며,
실제로 사관학교를 졸업한 군장교들 중에 컴퓨터공학을 전공한 석박

사급의 장교들의 수가 크게 증가하고 있다.

또한 최근 들어, 특허의 중요성이 강조되면서 변리사의 역할이 커지고 있다. 변리사는 변리사 시험 합격 후 자신들이 전공한 분야의 특허를 담당하게 되는데, 출원되는 특허들 중에 IT 관련 특허의 비중이 매우 커서 컴퓨터공학을 전공한 변리사가 요구되고 있다. 기업들도 IT를 경영에 도입하면서 경영 계획을 할 때 IT 전문가들의 도움을 필요로 하고 있다. 또한, IT 컨설턴트는 대규모 IT 사업에 참여하고자 하는 기업들에게 컨설팅을 하여 사업이 성공적으로 이루어지도록 한다.

컴퓨터공학으로
미래를 상상하자

# 미래 유비쿼터스(ubiquitous) 사회를 만나보자!

유비쿼터스는 원래 라틴어에서 유래한 단어로, '동시에 어디에나 존재한다'는 의미이다. 이 용어가 IT에 사용된 것은 1988년 미국의 마크 와이저 박사가 "언제 어디에서든지 컴퓨터에 접속할 수 있는 세계"를 지칭하는 말로 "유비쿼터스 컴퓨팅"을 정의하면서부터이다. 즉, 유비쿼터스 환경에서는 사람이 컴퓨터나 네트워크를 의식하지 않고, 시간과 장소에 구애받지 않고 자유롭게 네트워크에 접속할 수 있게 된다.

가까운 미래에 전개될 것으로 예상되는 몇 가지 유비쿼터스 라이프를 만나볼까? 지금은 슈퍼마켓에서 물건을 사면 계산대에서 결제해야 하지만, 유비쿼터스 사회에서는 물건을 사고 그냥 출입문을 나오면 자동으로 물건이 인식돼 그 총가격이 휴대전화로 자동결제 될 것이다.

냉장고에 유통기간이 지난 물건이 있다면 자동으로 알려줄 것이고, 필요한 물품의 정보도 알려줄 것이다. 어린아이가 갑자기 길가로 뛰어나간다면 신발이나 의복에 부착된 태그와 자동차의 사고방지 안전시스템이 상호 동작하여 어린아이를 보호할 것이다. 버스나 지하철에 장애인이 들어오면 이를 자동인식해 장착된 장애인용 의자가 제공될 것이다.

유비쿼터스 기술은 일상생활뿐만 아니라, 의료, 국방, 건설 등 모든 분야에 적용될 것으로 예상된다. 응급상황이 발생한다면 사람의 몸에 부착된 기계가 이 상황을 자동으로 인식하여, 응급조치를 하는 것은 물론 병원에 신속히 연락해 응급차를 호출하여 응급치료를 받을 수 있도록 할 것이다.

이와 같이 유비쿼터스 기술은 사람이 직접 접속하지 않아도 기계 간에 상호 동작

유비쿼터스가 실현된 사회의 생활 시나리오

하여 사람이 필요한 정보나 서비스를 시간과 장소에 구애받지 않고 받을 수 있도록 하여준다. 이러한 것들이 지금은 공상과학 영화에서나 나올 법한 이야기로 들릴지 모르겠으나 가까운 미래의 유비쿼터스 사회에서 실제로 실현 가능한 일들이다.

좀 더 다양한 사례를 찾고 싶다면 마이크로소프트의 이지 리빙(Easy Living), HP의 쿨 타운(Cool Town), 캘리포니아 대학의 스마트 더스트(Smart Dust), MIT 대학의 옥시즌 프로젝트(Oxygen Project) 등을 검색해 보자. 관련 프로젝트 홈페이지에서뿐만 아니라, 해당 키워드로 인터넷에서 검색해도 자세한 자료들을 많이 찾을 수 있을 것이다.

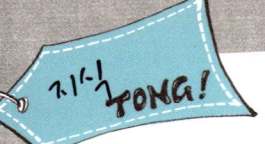

# 자신만의 독특한 신념으로 창업에 성공한 사람들

비록 나이도 어리고 학생의 신분이지만 자신만의 독특한 아이디어로 일찌감치 사업에 성공한 사람들이 적지 않다. 인터넷 세상이 열리면서 창업 아이디어 자체가 밑천의 전부가 된 세상이 되었기 때문에 가능한 일이다. 아이디어만 좋으면 자금을 투자하는 사람도, 물건을 만들어 공급하는 사람도, 자기 기술을 가진 전문가도 언제든지 함께 만날 수 있다. 하지만 사업에 성공하기란 예나 지금이나 어렵기는 마찬가지이다.

한 여고생이 교통사고로 병원에 입원해 있는 동안 웹에서 만난 친구들에게 옷 입는 것에 대해 조언해 주다가, 온라인 쇼핑몰을 만든 지 불과 1년 만에 매월 수억 원의 매출을 올리는 웬만한 중소기업의 사장이 되었다. 그녀의 장점은 또래의 학생들이 무엇에 관심을 가지고 어떤 것을 원하는지 누구보다 잘 알 수 있다는 것이다. 하지만 진짜 성공 비결은 따로 있다. 내 가게에서는 절대 남과 똑같은 것은 팔지 않겠다는 자신과의 약속을 철저하게 지킨 것이다. 그러기 위해 끊임없이 디자인을 연구하고 제품을 개발하는 작업은 정말로 자신이 좋아하는 일이 아니라면 할 수 없지 않겠는가.

웹 사이트를 통해 친구를 찾거나 친구들과 디지털 콘텐츠를 공유할 수 있어 미국판 싸이월드(cyworld)로 비유하는 '페이스북(facebook)'을 설립해 세계 최연소 억만장자가 된 젊은 청년의 이야기는 더욱 극적이다. 그는 대학에 다니면서 예쁜 여학생들의 사진을 자신이 만든 사이트에 올려 인기투표를 했다가 퇴학을 당할 뻔했다. 하지만 그 사건을 계기로 같은 대학 학생들만 가입할 수 있는 폐쇄적인

컴퓨터공학으로
미래를 상상하자

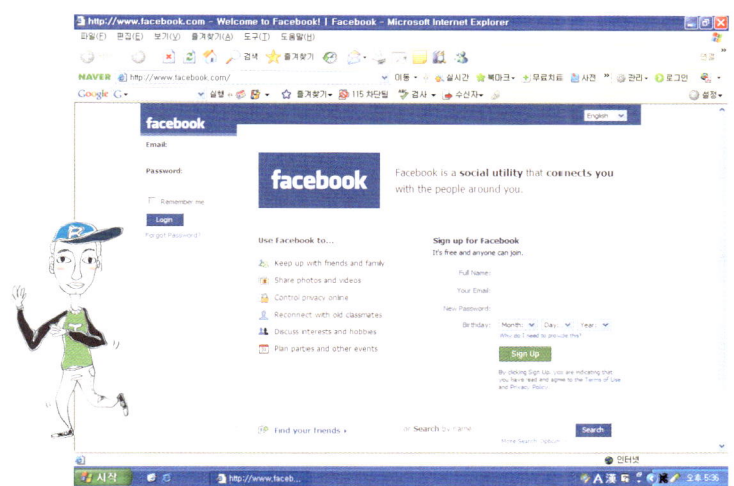

온라인 서비스를 개발하게 되었고, 아예 창업을 결심하여 서비스를 시작한지 불과 두 달 만에 미국의 전 대학으로 확산되면서 성공의 길로 접어들게 되었다. 사람들을 끌어들이기 위해 홈페이지를 화려하게 꾸미는 요즘, 너무나도 단순한 페이스북의 홈페이지는 실용성을 강조하는 그의 생각을 잘 보여주고 있다. 엄청난 거액의 인수자금을 거절하고, 오직 자신의 신념을 위해 새로운 인터넷 세상을 개척해 나가는 그에게 기대를 걸어본다.

# 미래의 컴퓨터는 어떤 모습일까?

**더 작게! 더 편리하게!**

어떤 분야에서든지 미래를 예측하는 것은 매우 어려운 일이다. 특히 컴퓨터공학 분야는 컴퓨터시스템과 응용기술, 그리고 정보통신기술이 너무나 빠른 속도로 발전하고 있어 예측하는 것이 더욱 어렵다. 하지만 『마이너리티 리포트』, 『아이로봇』 등과 같은 공상과학 영화 등을 통해 컴퓨터공학 기술의 미래를 예상해 볼 수도 있을 것이다.

> 미래에는 사람과 일체화되는 입는 컴퓨터도 보편화될 것이다.

최근 컴퓨터의 발전 동향은 소형화, 첨단화, 다기능화, 그리고 사람과 일체화라고 할 수 있다. 이들 컴퓨터들은 무선통신기술과 결합하여, 언제 어디서나 사용가능한 환경을 제공할 것이다. 소형화, 첨단화, 다기능화된 컴퓨터들은 지금도 많이 제품으로 출시되어 사용되고 있다. 전화, 인터넷 접속, DMB 수신, 컴퓨터 기능, 전자사전, 멀티미

컴퓨터공학으로
미래를 상상하자

디어 기능들이 결합된 PMP와 같은 휴대형 기기가 대
표적인 예라고 할 수 있다. 더 소형화된 컴
퓨터로는 센서들을 들 수 있다. 센서는 특
정 정보를 모니터링한 결과를 통신 기능
을 이용하여 서버에게 전달해 준다. 센서들
을 활용하는 예도 많이 찾아볼 수 있다. 의
료 센서 중에는 사람의 몸에 이식 가능한
센서도 있다. 사람의 몸 상태를 수시로

체크하여 결과를 의사에게 실시간으로 전달한다. 응급 시에는 신속한
치료를 받을 수 있도록 해주기도 한다. 이와 같이 컴퓨터들은 앞으로
의 기술 발전에 힘입어 더 소형화되고 더 첨단화된 요소들을 갖추게
될 것이다.

사람과 일체화되는 컴퓨터로는 웨어러블 컴퓨터(wearable
computer)를 들 수 있다. 웨어러블 컴퓨터는 컴퓨터를 사람의 신체에
분산해서 착용하는 컴퓨터 기술을 말한다. 컴퓨터를 마치 안경이나
의복처럼 입는 것이다.

### 더 빠르게! 인간의 뇌처럼!

미래형 컴퓨터들로 광컴퓨터, 양자컴퓨터, 뉴로컴퓨터, 바이오컴퓨터
를 들 수 있다. 현재 세계 여러 나라에서는 이들을 개발하기 위해 노력
하고 있다. 이들 미래형 컴퓨터들은 1과 0의 디지털 정보를 전기신호

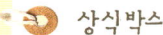

상식박스

# 컴퓨터를 입는다고?

입는 컴퓨터는 말 그대로 컴퓨터 장치가 부착된 의복을 지칭한다. 그냥 컴퓨터를 옷에 부착하는 정도가 아니라, 옷 자체가 컴퓨터의 역할을 수행하는 것이다. 실제로 이러한 기술을 실현하려면, 옷의 재질 자체가 컴퓨터를 동작시킬 수 있게 전기를 공급하는 데 문제가 없어야 한다. 또한 접는 컴퓨터 장치와 같은 첨단기술을 접목해야 한다.

입는 컴퓨터 기술을 개발하면 어떤 편리함이 있을까? 한 물류센터에서 직원이 웨어러블 컴퓨터를 착용했다고 가정해 보자. 장갑형 RFID 리더와 안경 형태의 모니터, PDA가 장착된 의상을 입은 물류센터 직원의 양손은 자유롭다. 손을 물류박스 가까이 가져가기만 해도 상품 정보가 PDA로 전송되고, PDA의 화면은 안경 모니터에 전송돼 외부 시야와 함께 PDA 화면을 볼 수 있다. 또한 심한 소음이 있는 물류현장에서도 골전도 마이크를 통해 전산센터의 관리자와 자유롭게 의사소통을 할 수 있다.

컴퓨터공학으로
미래를 상상하자

에 따라 처리하는 현재의 컴퓨터
형태가 아닌 새로운 개념을 도입하
고 있다.

광컴퓨터는 전기신호 대신에 빛
을 사용한다. 현재 슈퍼컴퓨터보다
1,000배 이상 빠르게 작업할 수 있다. 양
자컴퓨터는 양자역학의 원리를 활용하
여 한순간에 여러 개의 비트정보를 동시에 처리할 수 있다. 일반 컴퓨
터가 5800억 년 동안 계산할 문제를 1초에 풀어낼 수 있는 것이다. 뉴
로컴퓨터는 인간 두뇌의 기본 요소인 뉴런이라는 신경세포의 정보처
리방식을 응용한다. 사람의 뇌학습 과정을 반영하여 프로그램 없이
수행할 수 있도록 하는 것이다. DNA컴퓨터는 CPU와 메모리에 지름
이 2나노미터(nm=10$^{-9}$m)에 불과한 생물학적 분자인 DNA를 도입하
여 컴퓨터의 크기를 획기적으로 줄이고 연산능력을 증가시킨다. 실제
로 이들이 개발되어 등장할지는 확언할 수 없지만, 이들 첨단 컴퓨터
를 먼저 개발하는 국가는 미래 사회를 지배할 수 있을 것이다.

# 미래 컴퓨터 기술들, 자세히 살펴보기

### 광컴퓨터

현재의 컴퓨터는 전기신호에 따라 동작하므로, 처리 속도가 전자의 속도를 넘어설 수 없다. 반면 광컴퓨터는 전기 대신 빛을 사용하여 정보를 처리하는 컴퓨터이다. 빛의 속도는 전류에 비하여 10배 이상 빠르므로, 광컴퓨터의 연산 속도는 그 이상 더 빠르게 된다. 더욱이, 컴퓨터 기술은 동시에 여러 개의 명령을 처리하는 병렬컴퓨터 구조를 채택하고 있는데, 광컴퓨터는 더 효율적인 병렬컴퓨터 구조를 만들어 낼 수 있어, 실제의 연산 속도는 현재의 컴퓨터보다 수천 배 더 빠를 것으로 예상된다.

### 양자컴퓨터

양자컴퓨터에서는 '큐비트(Qubit)'라 불리는 양자비트 하나로 0과 1의 두 상태를 동시에 표시할 수 있다. 또한 큐비트의 수는 늘릴 수가 있는데, 이에 따라 처리 가능한 정보량도 기하급수적으로 늘어나게 된다. 예를 들어, 큐비트의 수가 n개이면 동시에 $2^n$개의 상태를 표현할 수 있어, 한 번에 한 개의 상태만 표현하는 현재의 컴퓨터와 비교할 수 없을 만큼 연산 속도가 빨라진다. 2만 1000 정도 되는 매우 큰 수를 현재의 컴퓨터로 소인수분해 하려면 약 1,025

시간이 필요하다고 한다. 이는 우주의 나이보다도 더 많은 시간이다. 하지만, 양자컴퓨터로는 몇십 분 정도면 충분할 것이라고 한다. 또한 현자의 컴퓨터로 수백년 걸려야 해독 가능한 암호체계도 양자컴퓨터를 이용하면 불과 몇분 만에 풀어낼 수 있다.

## 뉴로컴퓨터

인간 두뇌의 기본 요소인 뉴런이라는 신경세포의 정보처리방식을 응용한 첨단 컴퓨터이다. 이 컴퓨터의 특징은 다른 지시 없이 뇌 학습과정과 같이 컴퓨터가 스스로 학습을 하여 진화한다는 것이다. 새로운 환경에 컴퓨터를 동작시키기 위하여 기존의 컴퓨터처럼 프로그램을 작성할 필요가 없다.

## DNA컴퓨터

0과 1로 정보를 나타내는 기존의 컴퓨터와 달리, DNA컴퓨터는 DNA의 화학적 단위로 정보를 표시한다. 현재의 컴퓨터에서는 전자의 동작에 따라 연산이 이루어지지만, DNA컴퓨터는 특정 염기배열의 DNA를 합성하여 이들의 반응을 통해 연산을 수행한다. DNA컴퓨터는 수십억 개의 연산을 동시에 할 수 있다. 또한, 작은 공간에 막대한 양의 메모리를 저장할 수 있고, 에너지를 덜 소모한다.

# 꿈꾸던 공상과학이
# 눈앞에 펼쳐진다

미래 공상과학 소설, 만화나 영화에는 기술의 미래상이 등장한다. 이것은 과학자들이 아닌 작가들이 상상한 모습이지만, 놀랍게도 황당해 보이는 기술들이 지금 현실화되어 나타나고 있다. 특히, 컴퓨터공학과 관련된 미래 소설이나 영화에 등장하는 기술들은 많은 사람들이 필요로 하기 때문에 더 빨리 현실화될 것으로 보인다.

『토탈리콜』, 『매트릭스』 등의 영화에 나오는 가상현실기술, 『스타워즈』, 『아이로봇』의 휴머노이드(인간과 같은 동작과 사고를 하는 로봇)들을 위한 인공지능 기술, 『마이너리티 리포트』의 유비쿼터스 통신, 증강현실, 생체인식, 최첨단 지능형 교통시스템기술 등 말이다.

대부분의 기술들은 필요와 상상력을 통해 현실로 나타나게 된다. 우리가 꿈꾸는 공상과학의 기술들도 언젠가는 우리의 현실에 등장하게 될 것이다. 이러한 공상과학 영화나 소설을 보면서 미래의 컴퓨터공학 기술을 상상해 보자.

컴퓨터공학으로
미래를 상상하자

# 영화에 등장하는 미래 컴퓨터공학 기술들

공상과학 소설과 영화가 과학기술에 미친 영향은 실로 매우 크다. 특히, 영화에서 더 많은 과학기술의 모티브를 제공하는데, 주요한 컴퓨터 기술과 관련된 내용을 보는 것도 재미가 있을 것이다.

로봇과 관련한 내용은 공상과학 영화의 빼놓을 수 없는 주제이다. 영화 『아이로봇』, 『스타워즈』, 『바이센테니얼맨』, 『블레이드러너』에는 인간을 닮은 로봇들이 등장한다. 인간과 닮은 로봇을 만들기 위해 얼마나 많은 컴퓨터기술이 들어갈지 상상해 보는 것도 중요하겠지만, 무엇보다도 사람과 비슷한 로봇을 만들기 위해서는 사람과 같이 생각할 수 있는 '인공지능' 기술이 필요하다.

가상현실은 컴퓨터를 이용해 가상적인 환경을 만들고 그 환경 내에서 3차원의 간접체험을 가능하게 하는 기술이다. 이 기술은 『토탈리콜』, 『매트릭스』, 『론머맨』, 『마이너리티 리포트』 등의 영화에서 등장한다. 특히 『마이너리티 리포트』에서는 주인공이 컴퓨터 데이터를 허공에서 손으로 조작하는 인상적인 모습이 나온다.

생체인식도 자주 등장하는 공상과학 영화의 주제이다. 『에이리언4』에서 우주선 선장이 감지기에 입김을 불어넣어 본인을 확인하는 모습, 『저지드레드』에서 자신의 권총을 다른 사람이 쓸 수 없도록 한 DNA 감지 기능이 달린 권총 등을 통해 생체인식 기술을 볼 수 있다. 또한 『마이너리티 리포트』에서는 생체인식 기술을 사용하여 주인공의 위치를 실시간으로 추적한다.

또한 유비쿼터스 기술은 거의 모든 공상과학 영화

에 등장하는데, 『스타트렉』에서는 커크 선장이 자기 방으로 들어가면, 방 전체가 마치 컴퓨터인 양 선장이 들어서는 것을 알아차리고, 선장이 필요한 기능들을 알아서 제공하는 장면이 나온다. 인간복제를 주제로 한 『아일랜드』에서는 유비쿼터스 의료기술이 등장한다. 아침에 잠에서 깨어난 주인공이 소변을 보자 헬스케어 시스템이 상태를 자동 인식하여 '소변에서 나트륨이 검출되었으니 식이요법을 하라'는 메시지를 전한다.

영화 『콘택트』에서는 인터넷에 연결된 수백만 대의 PC와 전파망원경을 하나로 묶어 외계 생명체를 찾는 프로젝트가 등장한다. 이것은 최근의 차세대 인터넷 플랫폼인 그리드(grid)기술과 연관된다. 그리드기술은 여러 대의 작은 컴퓨터를 연결하여 슈퍼컴퓨터 이상의 성능을 낼 수 있게 하여 준다.

컴퓨터공학으로
미래를 상상하자

# 유비쿼터스 사회, 우리의 일상이 된다

요즈음 IT 분야에서 많이 거론하는 단어 중 하나는 유비쿼터스이다. 미래 첨단기술인 유비쿼터스는 언제 어디서나 네트워크에 접속할수 있는, 즉 우리의 모든 일상을 네트워크로 연결할 수 있는 상태를 의미한다. 유비쿼터스의 가장 큰 특징은 지금까지의 정보 교환과 제어형태가 사람과 사물 간에서 사물과 사물 간으로 변화했다는 것이다. 즉, 집 안의 온도계를 보고 겨울에는 히터를 켜서 온도를 올리고, 여름에는 에어컨을 동작시킨다. 이것은 사람과 사물 간의 관계이다. 반면온도를 측정하는 온도 센서가 있고, 히터와 에어컨이 네트워크로 상호 연결되어 있다고 해보자. 온도 센서는 수시로 집 안의 온도를 측정하여 사람에게 최적인 형태가 유지되게 자동으로 히터나 에어컨을 동작시킨다. 이러한 과정에 사람이 관여하지 않는다. 이것이 바로 사물과 사물 간의 관계이다.

유비쿼터스가 의료 분야에 적용되면 우리의 일상생활은 어떻게 달라질까? 유비쿼터스 헬스케어를 위해서는 사람의 몸이나 생활공간 곳곳에 의료 서비스와 관련된 칩과 센서를 심어놓아야 한다. 화장실 문이나 변기에 심어진 센서나 카메라는 사람의 건강상태를 즉시 측정하여 이를 PDA 등을 통해 실시간으로 제공하거나, 주치의에게 실시간으로 전달하여 필요한 경우 의료 서비스를 받을 수 있도록 할 것이다. 영화 『아일랜드』에서 주인공의 얼굴과 소변상태를 즉석에서 점검하여 건강상태를 모니터로 바로 보여주는 장면처럼 말이다. 고혈압이나 심근경색 등의 위험이 있는 환자들이 몸에 센서를 부착하면, 센서가 측정한 정보를 본인과 주치의에게 실시간으로 알려주고, 응급 시에는 직접 119나 의료기관에 연락을 취해 응급처치를 요청할 것이다. 필요하면 치료 센서가 응급조치를 취할 수도 있다.

또한 유비쿼터스 기술을 도입한 첨단 지능형 도시인 u-City를 구축하기 위한 연구 개발이 활발히 이루어지고 있다. 실제로 이러한 u-City 건설은 진행 중이다. 이전에는 버스를 타려면 정류장에서 버스가 올 때까지 무조건 기다려야 했다. 하지만 현재는 휴대전화나 인터넷을 통해 버스가 정류장에 언제 도착할지를 알려주는 서비스가 제공되고 있다. 이를 통해, 버스가 도착할 시간에 맞추어 정류장에 가면 되기 때문에 기다리는 시간을 줄일 수 있게 되었다. 자동차에 부착된 텔레매

틱스 단말기는 교통사고로 도로정체가 있으니 우회도로를 이용할 것을 조언하기도 하고, 기름이 떨어지거나 고장이 발생하면 가장 가까운 주유소나 정비소를 알려주고, 주유소나 정비소에 미리 도착할 것을 알려서 바로 서비스가 가능하도록 해준다. u-City는 노동, 교육, 교통, 환경 등 다양한 도시 서비스가 지능화된 형태로 도시민에게 제공할 수 있게 해준다.

유비쿼터스가 실현된 사회의 모습은 여러 각도로 상상하여 볼 수 있다. 이러한 유비쿼터스 사회의 실현을 위해서는 고도화된 정보통신기술, 초소형 고성능 컴퓨터시스템 운영체제와 소프트웨어, 인공지능, 휴먼-컴퓨터 인터페이스 등의 컴퓨터공학 기술이 뒷받침되어야 한다. 이러한 사회 실현에 대한 상상을 통해 컴퓨터공학 기술의 미래가 어떻게 발전할지를 기대해 볼 수 있을 것이다.

**컴퓨터로 세상을 바꾼 사람들 2**

## 최초로 MP3 플레이어를 개발한 개척자 이야기

음악은 항상 우리 곁에 있다. 늦은 밤 라디오에서 흘러나오는 팝송에 귀를 기울이던 시절, '워크맨'이라는 휴대형 카세트테이프 플레이어는 그 당시 대학생들이 가장 갖고 싶은 품목 중의 하나였다. CD가 등장하면서 '워크맨'은 '디스크맨'으로 바뀌었지만, 언제 어디에서든지 나만의 음악을 즐기고 싶은 마음은 여전했다. 오늘날 MP3 플레이어는 사람들이 음악을 즐기며 생활하는 모습을 크게 바꾸어 놓았다. 마치 신체 일부라도 되어버린 것처럼 MP3 플레이어를 편리하게 몸에 부착하고 다니면서, 음악을 들으면서 운동을 즐기거나 자유롭게 활동할 수 있게 되었기 때문이다.

1998년 국내에서 세계 최초로 디지털 파일 형태의 음악을 재생할 수 있는 휴대용 장치가 개발되었지만, 지금과 같이 MP3 플레이어의 시대가 올 것을 예상했던 사람은 거의 없었다. 음악을 저장하는 매체로서 레코드(LP)에서 카세트테이프와 CD를 거쳐 언젠가는 메모리로 바뀔 것이라는 예상은 IT 전문가라면 누구나 할 수 있었겠지만, 우리나라에서 세계 최초로 그런 제품을 만들 수 있을 것이라고는 아무도 믿지 않았다. 우여곡절 끝에 세상에 선보인 제품이 바로 'MP맨'이었고, 회사가 재미교포가 운영하는 미국회사에 인수되면서 '리오' 시리즈로 미국에 진출해 세상에 널리 알려지기 시작하였다.

초기의 개척자로서 가장 큰 어려움은 'MPEG 방식을 이용한 휴대용 음향재생 장치와 방법'이라는 원천기술에 대한 특허권을 인정받지 못한 것이었다. 출원한 지 4년 만에 특허권을 획득했을 때에는 이미 MP3 플레이어 관련 국내 벤처기업만도

컴퓨터공학으로
미래를 상상하자

이미 100여 개에 이르렀다. 그의 개척정신은 여기에서 멈추지 않았다. 미래에는 휴대용 플레이어보다도 그 안에 채워질 디지털 콘텐츠가 시장을 주도할 것을 확신하고 있었기 때문이다. 하지만 도전과 성공의 기쁨도 잠시, 혁신적인 디자인을 앞세우며 세계시장을 지배하던 레인콤이 애플컴퓨터의 아이포드(iPoc) 시리즈에 밀려 부도 직전까지 몰리는 상황이 되어버린 것이다. MP3 플레이어의 핵심 원천기술은 물론 세계 최초로 제품개발에 성공해 세계 시장을 지배했던 사람들이 화려하게 부활하여 다시 세계시장을 누비는 날이 오기를 손꼽아 기다려 본다.

# 기초학문으로서의 컴퓨터과학과 컴퓨터공학의 역할

"컴퓨터공학이 다른 분야와의 경계를 허물고, 의학, 환경보호 분야 등에까지 중요한 역할을 하는 시대가 오고 있다"라고 전 세계 마이크로소프트 연구소를 총괄하는 수석부사장이 말했다. 그는 향후 10년 동안 컴퓨터공학이 최첨단 연구 분야를 더욱 최첨단으로 이끌게 될 것이라 했다.

모든 학문 분야에서 컴퓨터공학 기술을 적용하지 않는 곳이 없다고 해도 과언이 아니다. 특히 컴퓨터과학 이론 분야와 프로그래밍과 관련한 소프트웨어 분야는 수학, 물리학 등과 같이 모든 학문에서 공통으로 배워야 하는 기초 학문의 역할까지 할 것으로 기대된다. 즉, 컴퓨터공학은 컴퓨터공학으로서 발전하는 것은 물론, 다른 분야 학문의 기초 학

컴퓨터공학으로
미래를 상상하자

문으로서의 역할까지도 수행할 수 있다. 이것은 IT의 기반이 되는 컴퓨터공학이 향후 BT(생명공학), NT(나노공학)은 물론 ET(환경공학), CT(문화공학) 등이 융합되는 다양한 융합기술 분야의 중심축을 이루는 역할을 하게 됨을 의미한다.

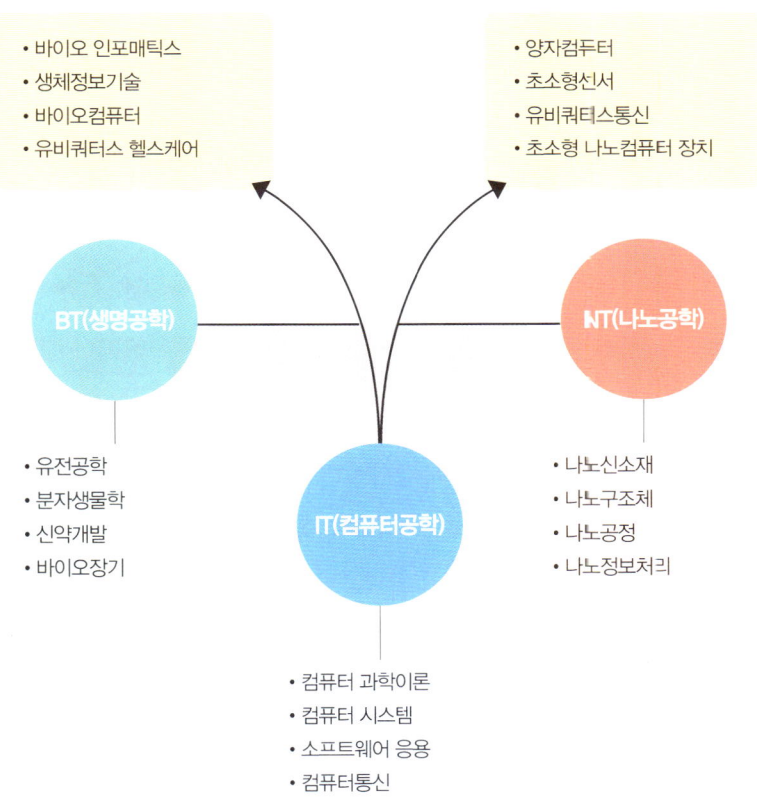

- 바이오 인포매틱스
- 생체정보기술
- 바이오컴퓨터
- 유비쿼터스 헬스케어

- 양자컴두터
- 초소형선서
- 유비쿼터스통신
- 초소형 나노컴퓨터 장치

BT(생명공학)

NT(나노공학)

IT(컴퓨터공학)

- 유전공학
- 분자생물학
- 신약개발
- 바이오장기

- 나노신소재
- 나노구조체
- 나노공정
- 나노정보처리

- 컴퓨터 과학이론
- 컴퓨터 시스템
- 소프트웨어 응용
- 컴퓨터통신

IT-BT-NT가 융합되어 창출되는 다양한 융합기술들.
이들 각 기술들의 발전은 컴퓨터공학 기술발전을 기반으로 ㅎ·고 있다.

**컴퓨터로 세상을 바꾼 사람들 3**

## 세계의 자연과 야생을 지킨 개인 기부금

1961년에 설립된 '세계야생동물보호기금(WWF, World Wildlife Fund)'은 영국의 생물학자인 줄리안 헉슬리 경과 밀접한 관계가 있다. 그가 바로 유엔(UN)의 교육과학문화기구이자 '세계의 자연유산'을 지정하는 유네스코(UNESCO)의 초대 사무총장을 지낸 사람이라면 여러분은 벌써 이 기금이 어떤 목적으로 설립되었는지 짐작할 수 있을 것이다. 아프리카에서 야생 생태계의 파괴와 앞으로 닥쳐올 위기를 목격한 그는 영국으로 돌아와, 이대로 가면 불과 수십 년 뒤에는 지구의 야생동물이 멸종되고 생태계는 완전히 파괴될 것이라고 경고하였다. 이 단체의 로고가 판다곰인 것도 그 당시 런던 동물원에 처음 들어온 판다곰이 야생의 위협을 알리기에 가장 적합하였기 때문이다. 현재에는 야생동물보호만이 아니라 자연보호 전반에 걸쳐 활발하게 활동하고 있으며, 그러한 의미에서 WWF를 '세계자연보호기금'이라고 부르기도 한다.

이 기금은 전 세계적으로 회원만 해도 500만 명이 넘는다. 각국 정부와 유대관계를 맺고 있는 비영리신탁기금으로 크게 성장하게 된 배경에는 인터넷의 역할이 크게 작용하였다. 2000년 12월 15일 WWF는 전 세계에 흩어져 있는 사무소들을 인터넷을 통해 온라인으로 서로 연결해, 지구상 모든 대륙에 살고 있는 개인을 대상으로 기부금을 모집하는 대대적인 운동을 시작했다. 즉, 사람들은 WWF의 홈페이지(http://www.wwf.org/)에 접속해 신용카드로 기부금을 전달할 수 있게 되었고, 원하는 사람은 홈페이지에 연결된 국가별 사무소에 회원으로 가입해 정기적인 후원을 할 수 있게 되었다. 유엔이나 각국 정부, 기업의 지원을 제외하면 현

컴퓨터공학으로
미래를 상상하자

재 거의 절반 이상의 기금이 바로 이러한 개인들의 기부금으로 운영되고 있다.

이 운동은 준비 과정에서도 서로 본 적도 없는 전 세계 회원들이 팀을 이루어, 주로 이메일로 작업을 하며 시스템 설계와 웹 개발을 진행하였다. 그

야말로 인터넷이 없었더라면 애초부터 기획조차 할 수 없었던 것이다. 게다가 아프리카 코뿔소를 보존하기 위한 최근 활동이나 독일의 유독 페인트에 대한 조사 결과, 네팔에서 벌어지고 있는 호랑이에 대한 심각한 밀렵 실태 등과 같이 세계 곳곳에서 벌어지고 있는 현장의 모습을 홈페이지를 통해 사람들에게 생중계할 수 있는 것도 바로 인터넷 덕분이다. 지구의 자연환경 파괴를 막고 인류가 자연과 조화를 이루면서 자유롭게 살 수 있는 미래를 건설하는 데에, 인터넷이 이렇게 큰 역할을 하게 될지 누가 상상이나 할 수 있었을까?

## 컴퓨터공학과 대학원에서는 무엇을 배울까?

대학에서는 컴퓨터공학 분야의 기초적인 자질을 갖추기 위한 교육을 한다. 범위가 매우 넓다 보니, 다양한 현상과 응용대처 능력을 갖추기 위한 수많은 방법론을 대학에서 깊이 있게 배우는 것은 불가능하다. 컴퓨터공학의 여러 전문 분야 중에서 한 가지 분야를 전문적으로 더 공부하고 싶으면 대학원에 진학해야 한다. 대학원 생활은 한 전공 분야에서 심도 있는 지식을 쌓아가면서 전공 분야 기술의 문제점을 발견하고, 이 문제점을 해결해 가는 과정이다. 공부 방식은 기초지식을 일방적으로 받아들이는 대학에서의 방식과 많은 차이를 갖는다.

대학원을 졸업하기 위해서는 자신의 전공 분야에서 해결한 문제를 논문으로 발간하게 되고, 더 나아가 이 논문을 해당 분야 연구자들이 모여 지식을 교류하는 국내외 학술대회에서 발표할 수도 있다.

대학원에서는 교수님들이 운영하는 연구실에서 학업과 연구를 병행하게 된다. 또한 연구실의 대학원생들이 각자 스스로 찾아서 배운 논문이나 기술 자료들을 발표하는 세미나를 통해 전공 분야의 폭넓고 심도 있는 지식을 갖추게 된다. 그리고 여러 정부나 산업체로부터 의뢰받은 연구과제(프로젝트)에 참여하게 되는데, 이들 연구과제들은 최신 또는 미래지향적인 기술들이거나 회사들이 해결하지 못한 문제를 풀기 위한 것들이다. 이러한

컴퓨터공학으로
미래를 상상하자

연구과제에 참여하는 것은 대학원 졸업 후 회사나 연구소들어 서 수행하는 연구개발 과제에 바로 참여하여 기여할 수 있는 능력을 갖추는 좋은 기회가 된다. 이런 까닭에 많은 기업체와 연구소에서는 학부 졸업생들보다 다 학원 졸업생을 더 선호하기도 한다.

대학원의 연구실은 각각 이름이 있다. 연구실 이름을 보면 이 연구실에서 전공하는 분야를 알 수 있다. 대표적인 대학원의 연구실 이름들을 나열해 보았다. 이를 통해 대학원에서는 무엇을 배우고 연구하게 되는가를 파악할 수 있을 것이다.

알고리즘 연구실
바이오인포매틱스 연구실
데이터베이스 연구실
인공지능 연구실
임베디드시스템 연구실
컴퓨터구조 연구실
컴퓨터시스템 연구실
실시간운영체제 연구실
컴퓨터통신 연구실
무선이동통신 연구실
멀티미디어통신 연구실
유비쿼터스네트워크 연구실

소프트웨어공학 연구실
프로그래밍언어 연구실
컴퓨터그래픽 연구실
게임애니메이션 연구실
보안연구실

실제로 대학원의 세부전공 분야는 매우 많아 이들을 전부 나열하기는 어렵다. 세부전공 분야에 관심이 있다면, 국내외 대학원의 홈페이지를 방문해 보자. 이곳에는 대학원의 연구실들이 나열되어 있고, 각 연구실들은 각자의 홈페이지를 링크해 놓았다. 직접 해당 연구실의 홈페이지를 방문하여 보면, 해당 연구실에서 전공하는 분야의 내용이 설명되어 있어 대학원에서 무엇을 배우게 되는지를 간접적으로 알아볼 수 있다.

# 교수님들의 학문 이야기

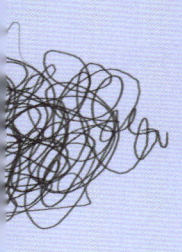

# 새로운 환경을 피하지 말고,
# 받아들여라!
## -노병희 교수님 이야기

**지금은 컴퓨터가 생활필수품이 되어,** 컴퓨터공학과 하면 잘은 몰라도 뭔가 컴퓨터와 관계된 것을 배우겠구나 하고 연상은 할 것이다. 그러나 내가 대학에 입학할 때만 해도 공과대학 내에 컴퓨터공학과가 개설된 대학교들이 많지 않았다. 내가 다닌 대학교도 공과대학 내에 컴퓨터공학과가 개설되지 않았고, 전자공학과에서 전자공학과 컴퓨터공학에 대한 과목들을 모두 가르쳤다. 내가 졸업한 후에야 컴퓨터공학과가 개설되었다.

대학에 와서야 처음 컴퓨터라는 것을 접하게 되었는데, 직접 만져볼 수는 없었다. 또한 요즈음은 잘 사용하지 않는 프로그램 언어인 포트란을 사용하여 전산용지에 손으로 적어서 제출하면, 전산직원이 OMR 카드에 프로그램 한 줄당 한 장씩 펀치를 뚫어 만들고, 이 카드들을 컴퓨터에 부착된 카드 리더기에 넣으면 컴퓨터가 한 장씩 읽어 들여서 수행한 결과를 프린트하여 보여주는 식이었다. 3학년이 돼서야 전산

실에 있는 대형 컴퓨터로부터 외부로 연결된 단말기를 통하여 직접 프로그램을 입력하고 결과를 바로 확인하는 게 가능하였다.

대학 3,4학년 때 학과 친구들과 한 팀이 되어 전자컴퓨터 전시회 준비를 하게 되었다. 개인 컴퓨터를 사용하여 온도를 제어하고, 전광판의 글씨를 제어하는 것을 제작하기로 하였다. 그런데 같이 하는 친구들의 컴퓨터나 제어장치에 대한 지식수준이 상상을 뛰어넘었다. 나도 공부는 제법 한다고 하였는데, 실제적으로 전혀 아무런 도움이 되지 못하고 있음을 깨달았다. 그래서 그 당시에는 매우 고가인 애플컴퓨터를 구입하여, 집에서 정말 열심히 공부하여 보조를 맞추려고 매우 노력하였지만, 그 친구들의 오랫동안 노력의 결실로 무장된 실력을 한순간에 따라잡는 것은 어려웠다. 이를 통해 무슨 일을 하려면 정말로 시간과 열정을 들여야 함을 다시 한 번 깨우치게 되었다.

4학년 때 통신에 대한 과목들을 배웠는데, 처음으로 배운 통신과목에서 우리가 즐겨 듣는 AM, FM 라디오의 기술이 어떻게 동작되는지를 알게 되었다. 그동안 다른 전공과목들은 들으면서도, 그냥 그렇구나 하고 지나쳤는데, 이것은 실제로 우리가 사용하는 것과 연관되어 있다 보니, 뭔가 새로운 비밀을 알게 된 것 같은 느낌이 들었다. 이때부터, 통신 분야에 본격적인 관심을 갖게 되었다. 정확히 기억나지는 않지만, 어느 교수님께서 신기하지 않느냐고 하면서 대학원에 오면 더 신기한 것들을 배울 수 있다고 말씀하셨다. 이 말을 듣고, 처음에는 대학 졸업 후 바로 취업하려고 생각하였지만, 마음을 바꾸어 대학원으로 진로를 바꾸었다.

대학원에 가서 C언어를 배우게 되었는데, 포트란보다는 C가 좀 더 복잡하고 배우기가 까다로웠다. 요즈음도 컴퓨터공학과에서는 컴퓨터 프로그램 과목을 배우게 되는데 C를 기본으로 배운다. 어쨌든 처음에는 쉽지 않았으나, 못하면 성적도 안 나오고, 연구실에서도 연구를 할 수 없게 되므로, 배우고 계속 사용하여 익숙하여지니, 어렵지 않게 되었다.

대학원에서는 멀티미디어 통신이라는 분야를 연구하였는데, 지금 우리가 많이 사용하는 MPEG에서와 같이 영상정보를 압축하여 통신망을 통하여 전송할 때 어떻게 하면 더 효율적으로 잘 할 수 있게 하는가에 대한 것이었다. 이 당시에 사용한 컴퓨터의 속도는 매우 느려서, 한 번 프로그램을 작성하여 동작시키면 어떤 경우에는 하루나 이틀 걸려서 결과가 나오기도 하였다. 참고로, 이 당시에 286 PC가 등장하기 시작하였다. 그래도 내가 생각한 대로 원하는 결과가 구해질 때의 기쁨은 해본 사람만이 아는 것이다. 이런 것이 연구원들이 연구 개발 분야에서 계속 일하게 되는 원동력이다. 이와 같이 주어진 일들을 하나씩 하나씩 성공시켜 가면서 점차적으로 일에 대한 두려움이 없어지게 되었다.

대학교수가 되기 전에 회사에서 제법 오랫동안 연구개발을 하였는데, 이때 대학과 대학원에서 겪은 경험이 새로운 일들이 생길 때마다 효과적으로 대처하여 성공으로 이끌어 준 힘이 되었다.

교수님들의
학문 이야기

나는 지금 대학원 연구실을 운영하며, 석박사 과정 학생들, 학부 인턴 학생들과 함께 연구를 하고 있다. 이 과정에서 연구 주제나 프로그램에 두려움을 갖고, 이것은 내가 하기 힘든 것이니 잘 못하겠다고 지레 피하는 학생들이 제법 있다. 우리가 자전거를 처음 배울 때를 생각해 보면, 처음에는 매우 어렵고 넘어지면 크게 다치지 않을까 염려도 되지만, 한번 타기 시작하면 별 묘기를 다 부리면서 타게 된다. 그러면서 초보자가 어려워하는 것을 보면, 예전의 일은 잊어버리고, 그것도 못한다고 한마디 하기도 한다. 모든 학문 분야가 마찬가지겠지만, 처음에는 어렵고 감당하기 힘들 것 같아 보이지만, 이 고비를 넘겨서 이것이 익숙해지면, 다른 사람들이 어려워하는 것을 이해하지 못할 수준에 도달할 수 있다.

나는 컴퓨터통신 분야를 연구하고 있는데, 컴퓨터통신 분야는 다른 분야보다도 더 빨리 변화하여 잠시(6개월 이상)라도 동향을 파악하는 것을 게을리 하면, 내가 알고 있는 지식은 옛날 것이 되어 변화에 적응하기가 힘들게 된다. 그리고 내가 알고 있는 것보다 더 많은 기술들이 등장하여 새롭게 배울 것을 요구하는데, 이것들을 다 어렵다고 포기해 버렸다면, 나는 아마도 무능한 교수가 되어있지 않을까 생각한다. 새로운 것이 나와도, 나는 항상 여기에 익숙해지기 위하여 노력한다. 여러분들도 이러한 자세를 갖춘다면, 모든 것을 어렵지 않게 대처해 나갈 수 있지 않을까 기대해 본다.

# 선택의 기회는
# 활짝 열려있다!

## – 예홍진 교수님 이야기

**살다 보면 누구나** 어쩔 수 없이 선택을 해야만 하는 일이 있다. 지나고 보면 그때 좀 더 현명한 선택을 했더라면 하고 후회할지도 모르지만, 현명한 결정을 하려면 최소한 자기 나름대로 분명한 기준을 세워야 한다.

어느 대학 무슨 학과에 진학할 것인지 고민하면서, 누구나 앞으로 어떤 직업을 가지게 될 것인지 자연스럽게 생각하게 된다. 1980년대 초반 우리나라의 연간 1인당 국민소득이 불과 1,000달러 수준이었던 것을 감안한다면, 요즈음과 달리 선택할 수 있는 직업의 종류도 별로 많지 않았다. 군인, 공무원, 의사, 교사, 법관, 외교관 등과 같이 몇 가지 특수한 것들을 제외하면, 사람들이 가장 선호하는 직업이 매달 안정적으로 월급을 받아 생활하는 봉급생활자의 대명사 격인 '회사원'이었던 시절이었다.

나는 대학에 입학원서를 내면서 고민한 기억이 별로 없다. 미래의 직

교수님들의
학문 이야기

업에 대한 확고한 목표를 세우지 못한 탓도 있겠지만, 당장 입학금과 등록금은 물론 생활비까지 스스로 해결해야만 대학에 다닐 수 있는 형편이었기 때문이다. 지금도 그렇지만 그 당시 대학 등록금은 국립대학이 사립대학에 비해 훨씬 싼 편이었고, 같은 대학 내에서도 사범대학은 모든 재학생에게 수업료를 감면해 주는 혜택이 있었다. 결국 사범대학 자연계열에 입학하면서, 교사로서 학생을 가르치는 일을 나의 직업으로 처음 생각해 보게 되었다.

나는 중고등학교 시절에 배운 과목들 중에서 유난히 수학을 좋아했다. 지금도 그 이유를 잘 모르겠지만, 다른 과목에 비하 비교적 성적이 좋았던 과목이 수학이었던 것 같다. 고등학교 때에는 헌책방을 다니면서 수학 책을 수집하는 것이 취미였고, 시중에서 찾아보기 힘든 희귀한 수학책을 구하면 아무리 문제가 어려워도 처음 접해보는 신기함 때문에 며칠 동안 끝까지 매달려 풀어보기도 했다. 대학교 2학년에 진급하면서 학과를 결정할 때, 수학을 선택한 것은 나에게는 너무나도 당연한 일이었다.

대학교 입학원서를 쓰기 위해 담임선생님과 상담했던 적이 있다. "나중에 수학교사보다 더 큰 꿈을 갖게 되더라도 너무 어쉬워하지 마라. 대학에서 수학을 전공한 사람은 나중에 어떤 공학 분야이든지 잘 할 수 있을 테니까." 내 사정을 잘 알고 계셨던 선생님께서 해주신 격려의 한마디가 대학원 진학을 고민하던 나에게 새로운 분야에 대한 자신감과 도전의식을 일깨워 준 소중한 계기가 되었다.

대학생활을 하면서 언젠가 수학의 아름다운 세계를 체험하리라는 기대는 점점 무너져 가고 있었다. 졸업을 앞두고 우리 학과에 최초로 '전산개론'이라는 과목이 개설되었고, 컴퓨터에 대하여 처음으로 자세하게 배우는 계기가 되었다. 과목이름은 개론이었지만 실제 수업내용은 컴퓨터의 구성 요소부터 자료구조, 계산이론, 시스템 프로그래밍 등 지금까지도 필수과목으로 다루어지고 있는 주요 교과목들을 망라한 것이었다. 컴퓨터가 어떤 원리로 수식을 계산한 결과 값을 만들어 내는지 전체 과정을 머릿속으로 그려보면서 내 자신이 컴퓨터가 되어버린 것 같은 느낌은 마치 내 눈 앞에서 새로운 세상이 펼쳐지는 것 같았다.

또 하나 나에게 운명적인 계기는 바로 전산개론을 강의하셨던 분이 같은 학과 선배였다는 점이다. 10년 전에 대학에서 수학교육을 전공하고 대학원에서 전자계산학을 공부하여 대학 강단에 서있는 그분 자체가 곧 내가 되고 싶은 모습이 되었고, 나도 충분히 그렇게 될 수 있다는 자신감을 주기에 충분하였다. 입력 데이터가 같으면 컴퓨터는 항상 동일한 결과를 출력한다. 최소한 선배만큼 노력한다면 내가 원하는 미래를 만들 수 있다는 자신감은 컴퓨터의 원리와 같은 것이다.

대학원 진학을 통해 전공을 바꾸기로 결심하는 데에는 그다지 긴 시간이 필요 없었다. 목표가 분명히 보이는 이상 굳이 머뭇거릴 이유가 없었고, 대학원 입시를 준비하기에는 시간이 부족했다. 지금 생각해 보면 과목 하나 수강한 것이 컴퓨터에 관한 전부인 사람이 불과 몇 달

만에 대학에서 컴퓨터를 전공한 사
람과 경쟁해서 대학원에 입학하겠다는
것 자체가 무모한 선택이었는지도 모
른다.

다행히도 운 좋게 대학원에 합격했지만
대학원을 무사히 졸업하기까지의 과정은
결코 쉽지 않았다. 대학원의 정규 수업 이외에도 대학 다닐 때 듣지 못
한 과목들을 청강하느라 정신없이 바쁜 날들을 보내게 되었다. 산더
미 같은 과제물과 수시로 치러지는 시험에도 전혀 개의치 않을 수 있
을 만큼 열심히 지내던 시절이었다. 나중에 유학생활에서도 아침 8시
부터 저녁 8시까지 중간에 쉬는 시간도 없이 하루 12시간씩 수업을
들을 수 있었던 것도 그때부터 단련된 덕분이었다.

프로그래밍은 컴퓨터를 공부하는 사람이라면 누구나 한번쯤 겪게 되
는 필수적인 과정이다. 프로그램을 작성하면서 컴퓨터와 대화할 수
있게 되고, 컴퓨터가 무엇을 좋아하고 무엇을 싫어하는지 이해할 수
있게 된다. 경험도 쌓고 학비도 마련해 보겠다는 욕심에 어느 회사의
소프트웨어 개발을 혼자 맡아서, 제대로 학교에서 배우기도 전에 숱
한 밤을 도전과 좌절 속에 보낸 것도 이제는 아름다운 추억으로 남아
있다. 모니터에 한글로 메시지를 출력하는 방법조차 기업 비밀로 치
부되던 시절에, 수백 명의 직원들에 대한 급여와 세금을 계산하여 월
급봉투를 인쇄하는 회계 프로그램을 납품하기까지 무려 2달 동안 거

의 매일 밤새우다시피 해야 했다. 컴퓨터에 미쳐서 낮에는 학교에 다니고 밤에는 회사에 나가 프로그램과 씨름하던 그때만큼 한 가지에 몰두해 나의 모든 열정을 불태워 본 적은 없는 것 같다. 내가 만든 프로그램으로 돈을 벌었다는 기쁨과 그것이 실제 업무에 사용되고 있다는 자부심은 지금까지도 어려운 문제에 부딪힐 때마다 스스로 극복할 수 있는 원동력이 되고 있다.

문제가 어렵다고 피하고 모른다고 돌아서 버린다면 아무것도 얻을 수 없다. 이 글을 쓰면서 그동안 중요한 고비마다 내가 했던 결정들이 현재 내가 서있는 이곳에 오기 위해 반드시 필요했음을 새삼스럽게 알게 되었다. 누구나 이미 선택한 결정을 후회할 수도 있다. 그렇다고 과거로 돌아가 다른 선택을 하는 것은 불가능하다. '뜻이 있는 곳에 길이 있다' 는 격언을 음미해 보면 '이미 지난 선택은 바꿀 수 없더라도 새로운 선택의 기회는 언제나 열려있다' 는 뜻이 아닐까? 자신이 꿈꾸는 미래로 가는 길은 분명 한 가지만 있는 것이 아니다. 현재의 선택은 필연적으로 미래의 또 다른 선택을 하기 위한 중간과정일 뿐이기 때문이다.

# 무궁무진한
# 컴퓨터 세상 속으로

## – 강경란 교수님 이야기

나는 1988년에 대학교에 입학했다. 필자가 입학하던 시절만 해도 컴퓨터는 일부 특별한 직업을 가진 사람이거나 특별한 취미를 가진 사람들만 사용하는 특별한 기계였다. 하지만 중학교 2학년 때 우연히 받게 된 컴퓨터 교육 덕분에 다른 사람보다 일찍 컴퓨터에 대한 관심과 지식을 갖게 되었다.

중학교 2학년 봄, 담임선생님께서 20년 후의 모습을 상상한 글짓기를 해보라고 하셨다. 나보다 10년이나 연상인 언니가 ○ 미 컴퓨터를 전공하고 있었고 부모님들께서 컴퓨터가 앞으로 유망한 분야가 될 것이라는 얘기를 자주 하셨던 터라 20년 뒤에 컴퓨터를 전공한 박사님이 되어있을 것이라는 내용으로 글짓기를 했다. 마침 수학선생님께서 학교에 컴퓨터 특별 활동반을 개설하셨고, 담임선생님께서 내 글짓기 내용을 고려해서 나를 컴퓨터반에 추천해 주셨다. 그렇게 해서 컴퓨터와 인연을 맺게 되었다. 특별 활동반이었기 때문에 방과 후에 시간

내가 작성한 프로그램에 따라서 컴퓨터가 뭔가 화면에 결과를 나타낼 때마다 작지만 뿌듯한 성취감을 느낄 수 있었다.

을 내서 수학선생님과 그리고 친구들과 BASIC이라는 프로그래밍 언어를 사용한 프로그램도 배우고 프로그램을 짜는 과제를 하기도 했다. 선발되었다는 기쁨과 새로운 것에 대한 신기함에 컴퓨터반 활동은 중학교 시절의 중요한 추억이 되었다. 그리고 내가 작성한 프로그램에 따라서 컴퓨터가 뭔가 화면에 결과를 나타낼 때마다 작지만 뿌듯한 성취감을 느낄 수 있다는 것이 컴퓨터 공부의 매력이었다. 중3 이후로는 수학선생님께서 다른 학교로 옮기시는 바람에 컴퓨터반이 해체되었고 더 이상 컴퓨터를 접할 수 없었지만, 1년여 동안의 컴퓨터반 활동은 나에게 컴퓨터라는 존재를 각인시켰고 앞으로 꼭 공부해 보고 싶은 대상이 되었다.

이러한 인연으로 대학 진학 시에 컴퓨터를 전공할 수 있는 과를 선택하고자 했다. 선택할 수 있는 학과에는 자연과학대학의 계산통계학과와 공과대학의 전자계산기공학과가 있었다. 두 학과 중 어느 학과에 지원하는 것이 좋을까 고민을 하던 중, 소프트웨어에 더 관심이 많았던 터라 '과학' 이라는 이름이 더 그럴 듯하게 보여서 자연과학대학에 있는 계산통계학과를 선택하였다.

아직 컴퓨터에 대한 관심이 사회적으로 무르익은 상태가 아니었으므로 학업 환경은 그리 좋지는 않았다. 하지만 컴퓨터가 갖고 있는 능력 즉, 사람이 해야 할 일들을 프로그램화해서 그 결과를 빠르게 얻어낼 수 있다는 것이 신기하고 재밌고, 또한 컴퓨터의 동작 원리를 배워가는 과정이 흥미롭고 즐거웠다. 자료구조, 컴퓨터 기본구조, 운영체제, 컴퓨터 통신, 데이터베이스 등 컴퓨터 관련 모든 전공이 흥미로웠다. 강의 시간에 지정하는 교재 외에 서점에 가서 관련 제목을 가진 책들을 구입해서 공부하는 것이 전공에 대한 지식과 관심을 높이는 데 기여했다고 생각한다.

컴퓨터를 배우면서, 특히 컴퓨터 프로그램을 배우면서 어려운 장애물 중의 하나가 포인터였다. 대학교 1학년 때 의욕적으로 시작한 파스칼 프로그래밍 언어를 중간에 포기한 것도 이 포인터 때문이고, 2학년 때 C 언어를 배우면서 힘들었던 것도 이 포인터 때문이다. 그런데, 이러한 장애를 극복하게 해준 책이 하나 있다. 지금도 계속해서 수정판이 나오고 있는 것으로 알고 있는데, 피터 노튼이 쓴 〈Inside the IBM PC〉라는 책이다.

이 책에서는 컴퓨터가 처음 켜지는 순간부터 프로그램이 실행되는 과정들을 아주 구체적으로 설명하고 있었다. 속이 거북해서 소화제를 먹고 났을 때의 시원함이라고 나 할까. 컴퓨터에 대해서 갖고 있었던 많은 의문들을 해소할 수 있었고 컴퓨터를 더욱 잘 이해할 수 있게 되어 전공에 대한 흥미가 더욱 높아졌다.

그리고 강의 시간에 배울 수 있는 것이 제한되었지만 남들은 아직 많이 알지 못하는 새로운 분야를 개척해 나가고 있다는 나름대로의 자부심 이 학문에 대한 흥미를 높이는 역할을 했다고 생각한다. 다만, 지금도 아쉽게 생각하는 것은 컴퓨터가 하드웨어와 소프트웨어로 구성된다고 할 수 있는데, 학부 과정에서 지나치게 소프트웨어 위주로만 학습이 이루어져 지식의 편향이 발생했다는 점이다. 컴퓨터과학 혹은 컴퓨터공학을 전공으로 선택하려는 독자들에게는 두 가지 모두 적절하게 병행할 것을 적극 권장한다. 하드웨어에 대한 경험과 지식을 바탕으로 하고 있어야만 소프트웨어의 지식도 그 가치를 제대로 발휘할 수 있다.

졸업할 무렵, 진로를 결정해야 하는데, 아직 완성하지 않은 것들이 많은 분야이고 앞으로 해야 할 일들이 많다는 판단이 되어서 대학원 진학을 선택했다. 대학원 과정에서는 더욱 구체적인 연구 분야를 선택해야 했는데 사람들의 관계에 관심이 많았던 터라 컴퓨터 네트워크를 전공으로 선택해 현재까지도 이 분야의 연구를 계속하고 있다.

컴퓨터와 네트워크는 이제 생활의 일부가 되었다. 그래서 더 무엇을 할 수 있을까 의문을 가지는 사람들이 있을 수 있겠지만, 이제까지는 기본이 되는 원리를 개발하고 연구했다면 이제는 생활에 효율적으로

적용하기 위한 기술들에 대한 개발과 연구가 이루어져야 한다. 네트워크를 바탕으로 인간의 삶을 더욱 풍요롭게 하기 위해 필요한 기술은 아직도 무궁무진하다.

# 컴퓨터공학 관련 학과가 있는 대학들

| | | |
|---|---|---|
| **서울** | 4년제 | 건국대, 경희대, 고려대(컴퓨터통신공학부), 광운대(컴퓨터공학과, 컴퓨터소프트웨어학과), 국민대, 단국대(응용컴퓨터공학과), 덕성여대(컴퓨터학과), 동국대(컴퓨터정보통신공학부), 동덕여대, 삼육대, 상명대, 서강대(컴퓨터공학전공), 서경대(컴퓨터공학과), 서울과학기술대, 서울대, 서울시립대(컴퓨터과학부), 서울여대(컴퓨터학과), 성공회대(컴퓨터공학과), 성균관대, 성신여대(컴퓨터정보학부), 세종대, 숙명여대(컴퓨터과학부), 숭실대(컴퓨터학부), 연세대(컴퓨터과학학과), 이화여대(컴퓨터·전자공학부), 중앙대, 한국방송통신대(컴퓨터과학과), 한국성서대(컴퓨터소프트웨어학), 한성대, 한양대, 홍익대 |
| | 2년제 | 동양미래대, 명지대, 배화여대(스마트IT과), 서일대(컴퓨터소프트웨어과, 컴퓨터전자과), 숭의여자대(디지털미디어전공), 인덕대(컴퓨터전자과, 컴퓨터소프트웨어과), 한양여대(컴퓨터정보과) |
| **부산** | 4년제 | 경성대(컴퓨터공학과), 동명대, 동서대(컴퓨터정보공학부), 동아대, 동의대, 부경대, 부산대(전기컴퓨터공학부), 부산가톨릭대(컴퓨터공학과), 부산외대, 신라대 |
| | 2년제 | 경남정보대(컴퓨터정보계열), 동부산대(전자정보통신과), 동의과학대, 부산과학기술대 |
| **대구** | 4년제 | 계명대, 경북대(컴퓨터학부) |
| | 2년제 | 계명문화대(컴퓨터학부), 대구과학대(컴퓨터정보과), 대구공업대, 수성대(컴퓨터정보과), 영남이공대(컴퓨터정보과), 영진전문대(컴퓨터응용기계계열) |
| **인천** | 4년제 | 가천대학교 메디컬캠퍼스, 안양대 강화캠퍼스(컴퓨터학과), 인천대, 인하대(컴퓨터정보공학부) |

컴퓨터공학과는 학교에 따라 컴퓨터공학부, 컴퓨터정보학부, 컴퓨터학부, 정보통신공학부, 전자계산학과, 계산통계학과 등으로 개설되어 있습니다. 단 전자계산학과나 계산통계학과는 이 자료에 포함되어 있지 않습니다(자료출처 : 2015년 학과별 학과정보, 대학 알리미).

| 인천 | 2년제 | 인하공업전문대, 인천재능대(컴퓨터정보과) |
|------|-------|------|
| 광주 | 4년제 | 광주대, 전남대(전자컴퓨터공학부), 조선대, 호남대 |
| | 2년제 | 동강대(전기정보통신과), 송원대(컴퓨터정보학과), 조선이공대(컴퓨터보안과) |
| 대전 | 4년제 | 대전대, 목원대, 배재대, 우송대, 충남대, 한남대, 한밭대 |
| | 2년제 | 대덕대(컴퓨터공학과, 컴퓨터전자과, 컴퓨터정보학과), 대전보건대(컴퓨터정보과), 우송대, 우송정보대(컴퓨터정보과) |
| 울산 | 4년제 | 울산과학기술대(컴퓨터정보학부) |
| 제주도 | 4년제 | 제주대(컴퓨터공학과) |
| | 2년제 | 제주국제대(컴퓨터응용공학과), 제주한라대 |
| 경기도 | 4년제 | 가톨릭대(컴퓨터정보공학부), 강남대(컴퓨터미디어정보공학부), 가천대학교 글로벌캠퍼스(IT대학), 경희대, 대진대, 명지대, 성결대, 성균관대(전자전기·컴퓨터공학계열), 수원대(컴퓨터학과), 신경대(인터넷정보통신학과, 아주대(정보컴퓨터공학부), 안양대, 용인대(컴퓨터과학과), 중앙대, 평택대(컴퓨터학과), 한경대(컴퓨터웹정보학과), 한국외국어대, 한국산업기술대, 한국항공대 소프트웨어학과), 한신대, 한양대 안산캠퍼스, 협성대 |
| | 2년제 | 경기과학기술대(컴퓨터정보시스템공학과), 경복대(컴퓨터정보과), 김포대, 대림대(컴퓨터소프트웨어과), 동서울대(컴퓨터정보과), 동원대(컴두터정보과), 두원공과대, |

| 경기도 | 2년제 | 부천대(컴퓨터정보보안과, 컴퓨터소프트웨어과), 서정대(인터넷정보과), 수원과학대(컴퓨터정보과), 신구대(정보미디어학부), 신한대, 신안산대(컴퓨터정보과), 안산대(인터넷정보공학과), 연성대(컴퓨터소프트웨어과), 여주대(컴퓨터정보과), 오산대(컴퓨터정보과), 용인송담대(컴퓨터정보과), 유한대학(IT학부), 청강문화산업대, 한국복지대(컴퓨터정보보안과) |
|---|---|---|
| 강원도 | 4년제 | 강릉원주대, 강원대, 경동대, 상지대(컴퓨터정보공학부), 연세대 원주캠퍼스(컴퓨터정보통신공학부), 한라대(컴퓨터응용설계학과), 한림대 |
| | 2년제 | 강원도립대(컴퓨터인터넷과), 경동대 설악제2캠퍼스(정보보안과), 상지영서대(컴퓨터정보과), 한림성심대(컴퓨터정보기술과) |
| 충청도 | 4년제 | 건국대 충주캠퍼스, 공주대, 극동대(유비쿼터스 IT학부), 나사렛대(정보통신학과), 남서울대(컴퓨터학과), 단국대 천안캠퍼스, 백석대(정보통신학부), 서원대, 선문대, 세명대(컴퓨터학부), 순천향대, 영동대(스마트 IT학부), 중부대, 청운대(컴퓨터학과), 청주대(컴퓨터정보공학과), 충북대(컴퓨터공학과, 컴퓨터교육과), 한서대, 호서대, 홍익대 세종캠퍼스(컴퓨터정보통신공학과), 한국교원대(컴퓨터교육과), 한국산업기술대 |
| | 2년제 | 강동대(컴퓨터정보과), 충북보건과학대(컴퓨터응용기계과), 충북도립대(컴퓨터융합공학과), 충청대학(전자컴퓨터학과), 혜전대학(인터넷보안과) |
| 전라도 | 4년제 | 군산대, 동신대(컴퓨터학과), 목포대, 목포해양대(해양컴퓨터공학과), 서남대(컴퓨터정보통신학과), 순천대, 원광대, 전남대, 전북대, 전주대, 초당대, 호원대(컴퓨터·게임학부) |
| | 2년제 | 광양보건대(컴퓨터정보과), 전남도립대(정보통신과), 서해대(컴퓨터응용기계과), 순천제일대(컴퓨터과학과), 청암대(컴퓨터정보과), 전북대학교 익산캠퍼스, 전북과학대(스마트정보과), 전주비전대(컴퓨터정보과) |

| 경상도 | 4년제 | 경남대, 경남과학기술대(컴퓨터융합과학과), 경상대(컴퓨터과학과), 경운대, 경일대, 금오공과대, 대구가톨릭대, 대구대, 동국대 경주캠퍼스, 동양대, 경북대 상주캠퍼스(컴퓨터학부), 안동대, 영남대, 영산대, 위덕대, 인제대, 창원대, 포항공과대 |
| --- | --- | --- |
| | 2년제 | 경남도립거창대(기계융합IT계열), 구미대학(컴퓨터전자과), 경남도립남해대학(스마트융합정보과), 선린대(컴퓨터응용과), 안동과학대(컴퓨터정보과), 연암공업대(스마트융합계열), 창신대(소프트웨어공학과), 창원문성대학(컴퓨터과학과), 포항대(IT전자과) |

※ 각 대학의 컴퓨터공학 관련 학과명이 컴퓨터공학과, 컴퓨터공학부, 컴퓨터존학전공일 경우 표기를 생략했습니다.

# 나의 미래 계획 다이어리

### 나를 알아보는 단계

미래 계획을 세우기 전에 나를 알아보는 것은 중요하다. 재능 있는 사람도 즐기는 사람을 당할 수 없다고 한다. 내가 가장 좋아하고 잘할 수 있는 일은 무엇일까? 자, 자신이 좋아하는 일들로 지면을 가득 채워보자!

난 게임이라면 자신 있어!
이래 보이도 고수란 말씀!

게임 얘기할 줄 알았어.
난 놀고먹는 게
제일 좋은데 어쩌냐~

**보너스 문제**

### 이것만은 절대 못 하겠다!

다른 건 어떻게 해보겠는데, 정말 하기 싫은 것이 있을 것이다.
눈치 보지 말고, 마음껏 적어보자!

### 본격적인 계획 단계– 목표 설정

나에 대해 알아보았으니 이제 본격적으로 자신만의 맞춤 계획을 세워보자. 먼저 자신이 무엇을 하고 싶은지 적어보자. 목표가 확실하지 않으면 계획을 진행하기 어렵기 때문에 신중히 생각해야 한다.

부자가 되는 것도 좋지만,
실현 가능한 목표를 세우는 것이 중요해.
그러기 위해서는 좀 더 구체적으로
생각하는 게 좋겠지?

나는 부자가
될 거야!

## 실행 단계

목표를 정했으니 이제 거침없이 계획을 진행해 보자. 자신이 세운 목표를 이루기 위해서는 어떤 일들을 해야 하는지 적어보자.

---

나의 목표 - 방학 동안 체중 5kg 감량

계획

저녁은 오후 7시 이전에 먹는다. → 저녁은 안 먹지만 야식은 먹는다.

일주일에 3번 이상 줄넘기를 한다. → 일주일에 3번 이상 줄만 간신히 넘는다.

군것질을 줄인다. → 군것질은 줄었지만 외식이 늘었다.

단, 계획이 잘 실행되고 있는지 수시로 체크하는 것이 좋으니다!

## 10년 후 나의 모습

이렇게 계획을 세우는 것만으로도 마음이 든든하다. 이 든든한 마음을 가지고
10년 후 자신의 모습을 생각해 보자!

파티시에가 되어서 사람들에게
꿈과 희망도 같이 나눠주고 있을 것 같아!
상상만으로 빵 냄새가 솔솔 나는 것 같아.

와~ 그럼,
나 빵맛이
주어야해!
공짜로~

**노병희 교수님은....**
현재 아주대학교 소프트웨어융합학과에서 학생들에게 컴퓨터통신, 멀티미디어통신, 네트워크 소프트웨어 등의 과목을 가르치고 있다. 전공은 멀티미디어 통신 서비스 분야이며, 현재는 소프트웨어 기반의 네트워크 융합 기술 분야를 연구하고 있다.

**예홍진 교수님은....**
현재 아주대학교 정보컴퓨터공학과에서 학생들에게 이산수학, 알고리즘, 정보보호 등의 과목을 가르치고 있다. 전공은 계산이론, 병렬처리, 정보보호로서 현재 유비쿼터스 환경에서의 모바일 보안 문제를 주로 다루고 있다.

**강경란 교수님은....**
현재 아주대학교 소프트웨어융합학과에서 자료구조, 컴퓨터네트워크 등의 인터넷 관련 과목을 가르치고 있다. 전공은 인터넷 멀티캐스트 프로토콜로서 현재는 이동 사용자를 대상으로 하는 P2P 서비스를 위한 통신 기술을 개발하고 있다.

나의 미래 공부 04

MAP
Of MT 컴퓨터공학
TEENS

**초  판 1쇄** 펴낸날 2008년 5월 20일
**개정판 6쇄** 펴낸날 2023년 5월 10일

**저자** 노병희, 예홍진, 강경란
**펴낸이** 서경석
**책임편집** 정재은 **디자인** All Design Group **일러스트** 문수민
**마케팅** 서기원, 권병길 **제작 · 관리** 서지혜, 이문영
**펴낸곳** 청어람장서가 **출판등록** 2009년 4월 8일(제 313-2009-68호)
**본사 주소** 경기도 부천시 부일로483번길 40 (14640)
**주니어팀 주소** 서울특별시 구로구 디지털로 272 한신IT타워 404호 (08389)
**전화** 02)6956-0531 **팩스** 02)6956-0532
**전자우편** juniorbook@naver.com

**정가** 13,000원
**ISBN** 978-89-93912-69-2 44560
        978-89-93912-66-1(세트)